DOG'S WEAR AND GOODS

31款量身訂做的上衣、背心、洋裝、帽子、領圍和用品

小型狗狗最實穿的

毛衣&玩具&雜貨

DOG'S WEAR AND GOODS

31款
全是狗狗的
最愛！

E&G CREATES　編著

李蕙雰、林明美　翻譯

朱雀文化

DOG'S WEAR AND GOODS
目錄 CONTENTS

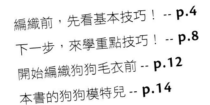

PART1 狗狗最愛的毛衣和玩具

PART2　織法與拼接法

編織前，先看基本技巧！ Basic lesson

8號 7號 6號 5號

毛衣的織法順序

1. 編織後身片 ─ 1.
2. 編織前身片 ─ 2.
3. 縫合肩膀 ─ 3.
4. 縫合側邊 ─ 4.
5. 編織領子 ─ 5.
6. 編織袖子 ─ 6.

什麼是織片密度？

所謂織片密度，是在 10cm 平方織片上的目數（針數）和段數（行數），是依照作品尺寸完成編織的基本數值。即使使用相同的針或線，密度也會因人而異，因此在開始編織作品之前，可以先試織以確認。

如何量測織片？

以將要使用的線和針編織 20cm 平方，再用蒸氣熨斗燙平織片，放在平坦處。把尺放在織片中央，算出在 10cm 平方內的目數和段數。若大過作品織片密度的密度值，織片會變得比較緊，成品過小，因此要織得鬆一點，或換粗 1 號的針；若是密度比較小時，成品會過大，可以織得緊一點，或是換細 1 號的針，藉以調整到接近作品的織片密度。

毛衣的名稱和尺寸

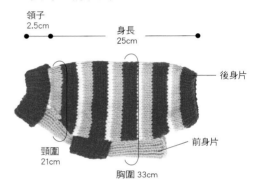

領子
2.5cm

身長
25cm

後身片

頭圍
21cm

前身片

胸圍 33cm

毛衣的製作方法
*以 p.20 的作品 5 為例說明

1. 編織後身片

❈ 起針 43 目（起針是第 1 段）參照 p.84

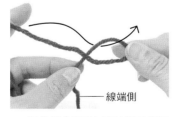

線端側

線端側

線端側

1 從線端（線頭）開始測量所需尺寸約 3 倍長的位置上，做 1 個線圈。將右手的大拇指和食指放進線圈內，並將線引出。

2 正要把線引出時的情形。

3 2 根棒針穿進被引出的線圈內，並拉線端側，再拉緊打結處。這是第 1 目（1 針）。

4 毛線球側繞在左手食指上，線端側繞在拇指上。棒針依照箭頭方向移動，再用針頭掛線。

5 再依照箭頭方向移動棒針，大拇指放線。

6 用大拇指將線端側的線往前方拉，拉緊。

7 正在拉緊的情形。

8 已經拉緊的情形。完成第 2 目（上圖）。重複 **4 ～ 7**，織其餘的起針 41 目。下圖是完成起針 43 目的情形。

✥ 織 1 目（單針）鬆緊編織　第 2 段

第 2 目 下針
上針

第 3 目 上針

1 從起針處抽出 1 根棒針。第 1 段是起針，從第 2 段開始編織。

2 第 2 段是在後方編織，因此與第 1 段的記號圖呈相反方向，第 1 目是上針，第 2 目織下針。至左端為止，重複織上針 1 目，下針 1 目。最後的針目是上針。第 3 段是在前方編織，因此記號圖相同，重複織上針 1 目，下針 1 目，最後的針頭是下針。

3 用 1 目鬆緊編織織到第 6 段的情形。

✥ 用條紋圖案編織前、後身片

交錯

交錯

反面

1 從 1 目鬆緊編織開始持續編織。鮮豔粉紅色線暫時休針，換成粉紅色線編織。上圖是用粉紅色線織完 4 段的情形。

2 第 5 段粉紅色線休針，拉起鮮豔粉紅色，並與下個白色配色線交錯（左圖）。右圖是用白色線織完 1 目的情形。持續織 2 段。

3 白色線休針。拉起粉紅色線，並與下個鮮豔粉紅色配色線交錯，織 6 段。

4 完成粉紅色線 4 段，白色線 2 段，鮮豔粉紅色線 6 段的條紋圖案。重複 1 ～ 3，換配色線時拉起暫時休針的線，再與配色線交錯編織。

✥ 編織肩膀　前、後身片織到 42 段後，肩膀開始織減針。

第 2 段 左上 2 針併 1 針（上針）　　第 2 段 右上 2 針併 1 針（下針）

第 3 目
第 2 目

1 第 1 目織上針，棒針穿進第 2 目和第 3 目，織上針，2 針併 1 針。右圖是織完左上 2 針併 1 針的情形。

2 當編織到左端 3 目前時，將 2 目移至右側棒針。依照箭頭方向，左針穿進，將 2 目移至左側棒針上。

3 棒針繼續依照箭頭方向穿進，織上針，2 針併 1 針。

4 織完右上 2 針併 1 針的情形。

　　　　　　　　　　第 3 段 右上 2 針併 1 針（下針）　　　　　　　　第 3 段 左上 2 針併 1 針（下針）

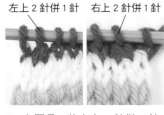

左上 2 針併 1 針　　右上 2 針併 1 針

5 左圖是 **1** 的右上 2 針併 1 針，右圖是 **2**、**3** 的左上 2 針併 1 針，從前方看到的情形。

6 第 1 目織上針，將第 2 目和第 3 目移至左針，如左圖的箭頭方向，左針穿進，將 2 針目移至左針。持續如右圖的箭頭方向，棒針穿進，織下針，2 針併 1 針。

7 織完右上 2 針併 1 針的情形。

8 當編織到左端 3 針目前時，棒針依照箭頭方向穿進，織下針，2 針併 1 針。右側圖片是完成編織的情形。

❋ 編織完成的後身片

參照記號圖，織 12 段。編織結束的針目穿進防綻別針後，暫時休針。

2. 編織前身片

織起針 21 目，參照記號圖，織 1 目鬆緊編織 55 段。編織結束的針目穿進防綻別針後，暫時休針。

3. 縫合肩膀 從邊端的第 1 目內側開始挑綴縫

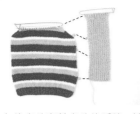

1 在後身片和前身片的肩膀、袖口、側邊的接合位置上做記號。

2 接合前、後身片的肩膀部分。

3 縫針穿進從前身片接合開始的邊端數來第 1 目和第 2 目間的橫線，並挑針目。

4 與前身片相同織法，縫針穿進後身片肩膀開始接合的橫線，並挑針目。

5 縫針穿進在前身片 3 所挑的橫線的下 1 段橫線，並挑針目。

6 重複 **4**、**5** 持續接合。在記號圖所指定的位置上，一次挑 2 段或 3 段橫線，進行接合。

7 將肩膀接合至領子的情形。

❋ 處理線端

線端從織片的後方出線，繞進前身片邊端的針目，並剪斷。

4. 縫合側邊

與肩膀相同方式，用挑綴縫接合側邊。圖片是接合後形成一個筒狀的情形。

5. 編織領子 用輪邊編織

1 將穿進防綻別針的針目移至 4 根棒針。

2 將 42 目均分至 3 根棒針上，織第 1 段。

3 從前身片的邊端開始編織（**2** 的 ● 位置）。依照左圖的箭頭方向，棒針穿進邊端的 2 目，織左上 2 針併 1 針。右圖是完成編織的情形。

左上 2 針併 1 針

4 圖片是在後身片左側完成左上 2 針併 1 針的情形。後身片和前身片的兩端各織 2 併針，總共減 4 目。

5 從第 2 段開始織 1 目鬆緊編織 15 段。

⁂ 領子的伏針收針　需要有伸縮性，稍微織鬆些。

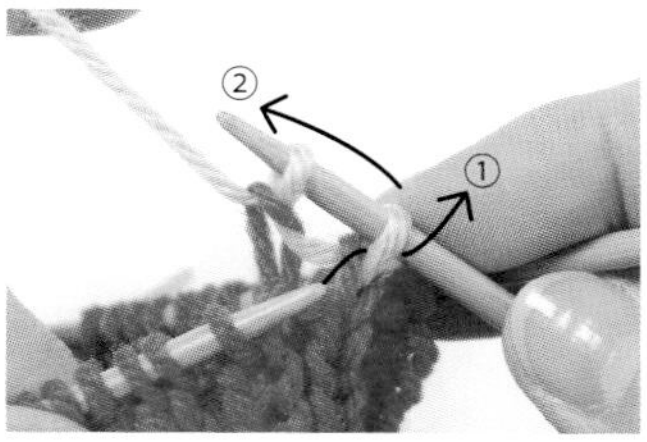

1　從領子的第 16 段開始持續織下針 1 目，上針 1 目。依照箭頭方向，棒針穿進第 1 目（①），然後套住第 2 目（②）。

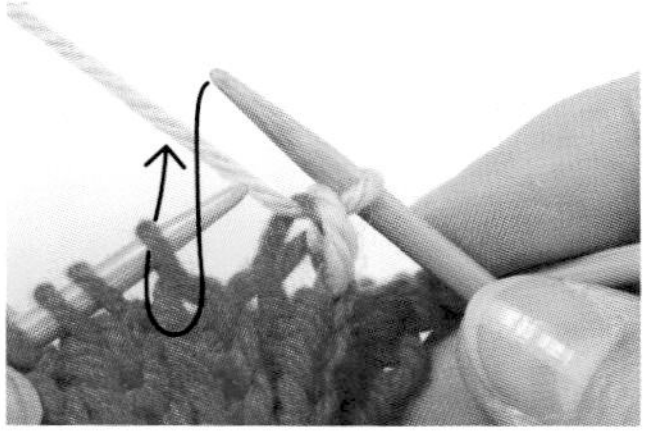

2　上圖是完成 1 目收針的情形。持續織下針 1 目。

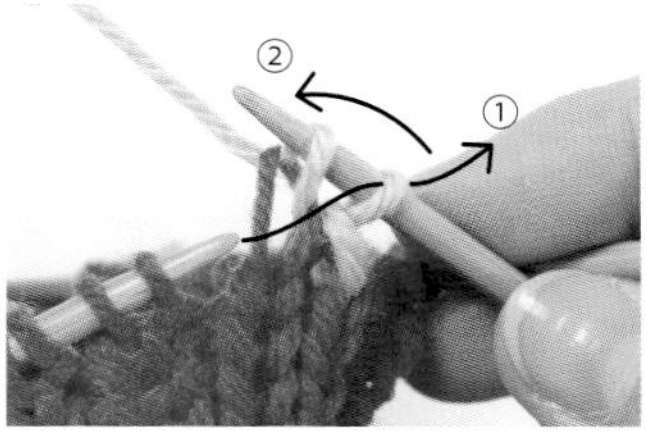

3　依照箭頭方向穿進棒針（①），然後套住第 2 針目（②）。

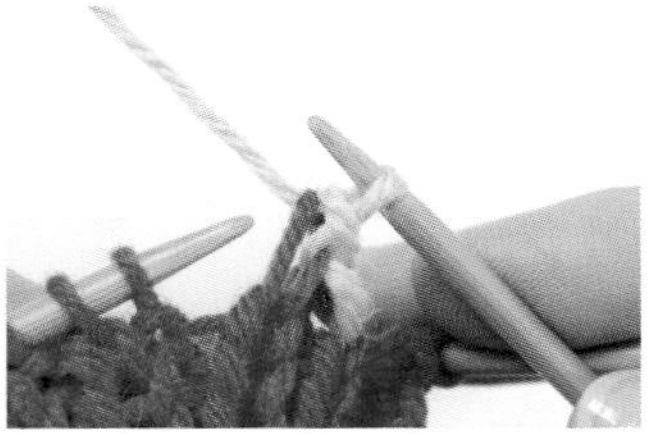

4　完成 2 目的收針。前段的針目是下針時就織下針，前段是上針時就織上針，反覆各個套收的織法。

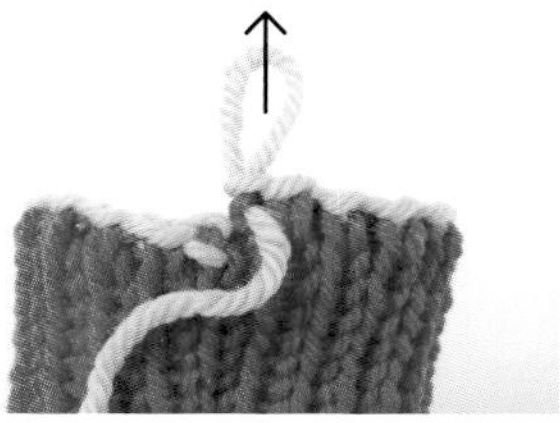

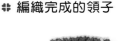

5　1 圈收針後，編織結束是將棒針抽離針目，剪線端，並將線端引出。

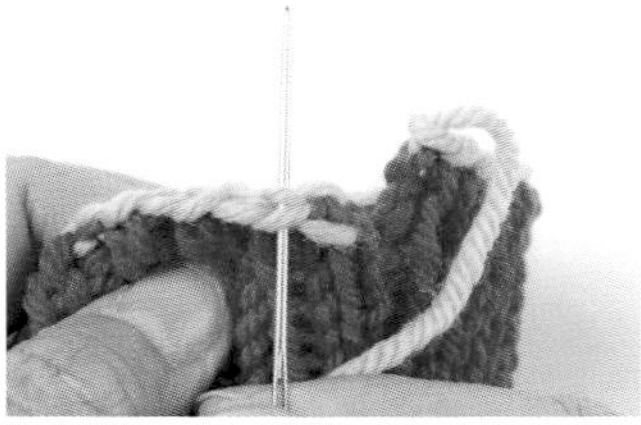

6　將線端穿入縫合針，再穿進從開始編織處數來第 2 目。

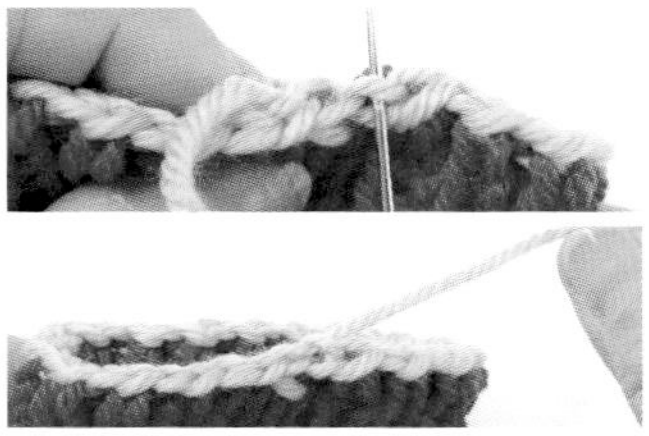

7　如圖所示，縫合針穿進線端針目的內側（上圖）。下圖顯示縫合針穿出的情形。

⁂ 編織完成的領子

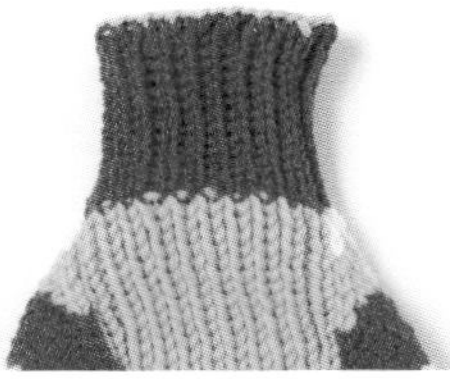

線端收到織片後方。

6. 編織袖子

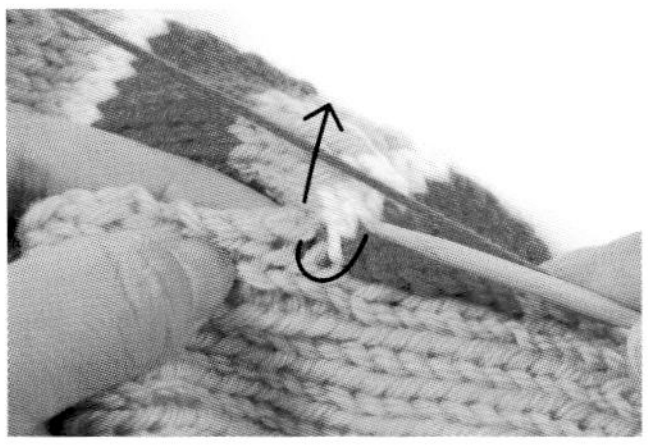

1　從前身片的袖口開始挑針目。棒針從邊端數來第 1 目和第 2 目之間穿進。

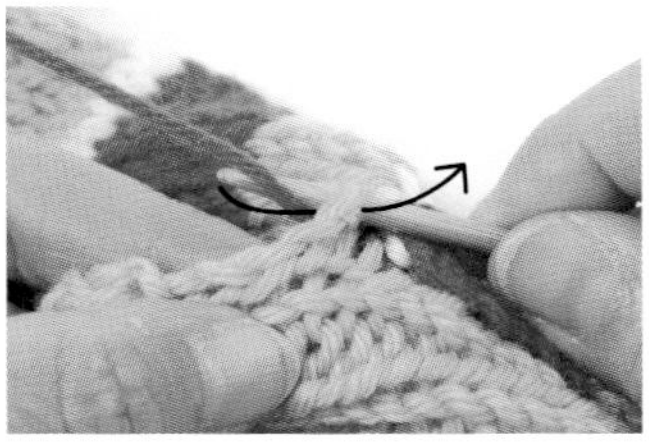

2　掛線在針頭上，並引出。

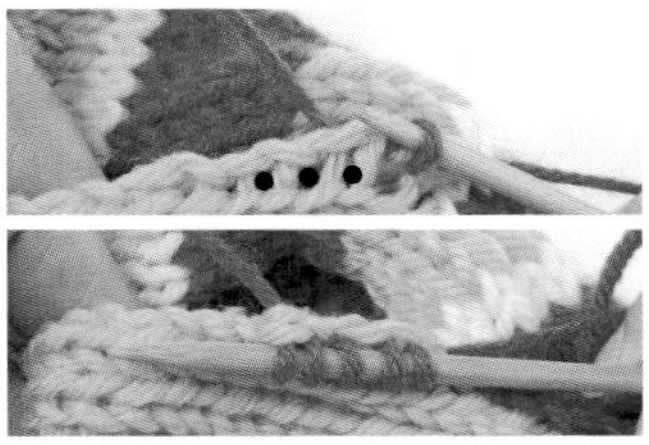

3　上圖顯示引出後挑 1 目的情形。同樣的方法，在前片每 1 段各挑 1 目。下圖顯示挑完 5 目的情形。

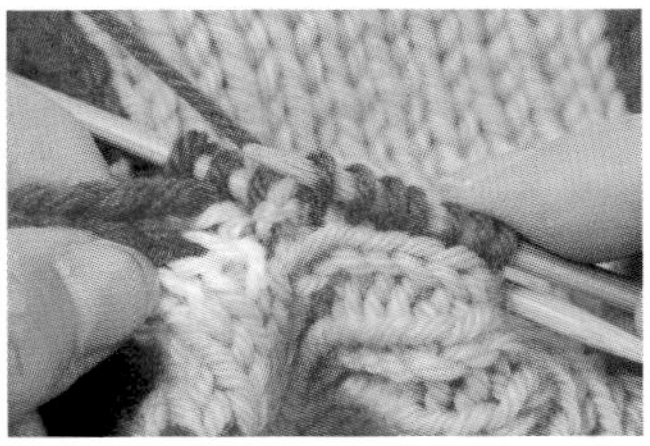

4　後身片也是同樣的方法，從袖口處每 1 段各挑 1 目。

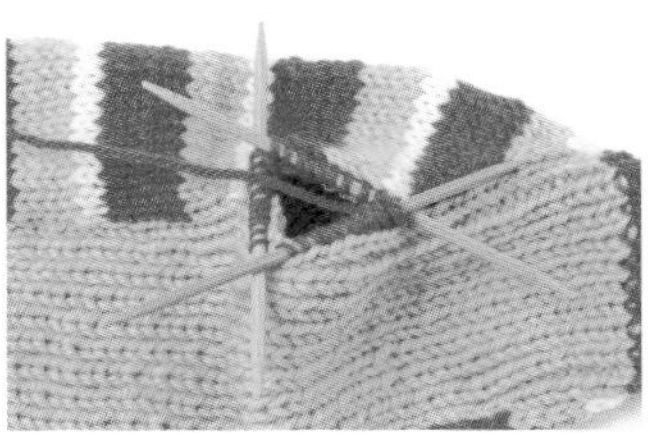

5　30 目分給 3 根棒針各 10 目進行挑針目。

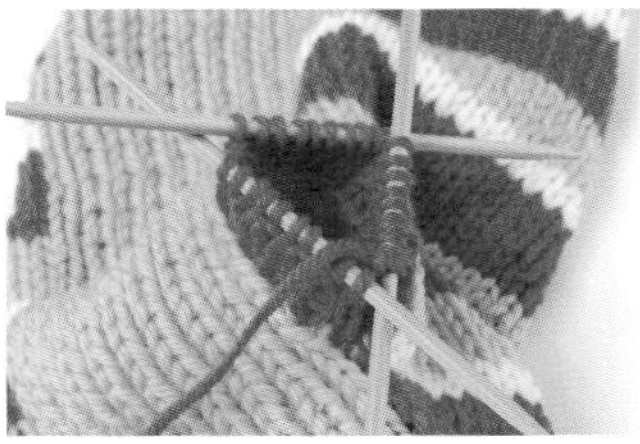

6　持續織 1 目鬆緊編織 5 段。

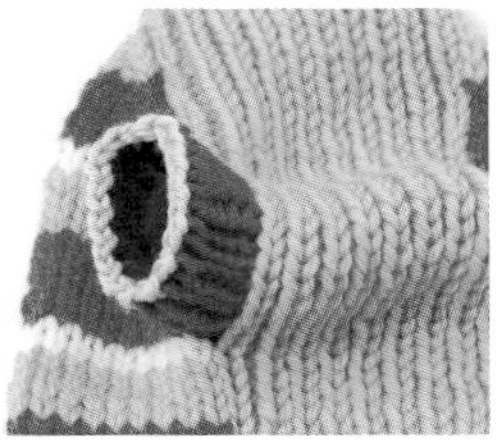

7　編織結束時，與領子相同方式收針。

編織完成的毛衣

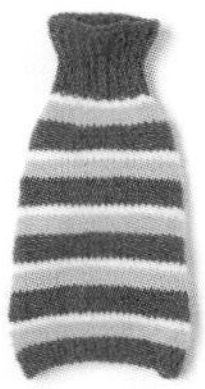

後身片

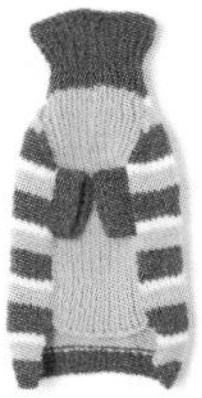

前身片

下一步，來學重點技巧！ Point Lesson

平面編刺繡

✤ 3 藍白紅三色水手背心 照片→ p.18

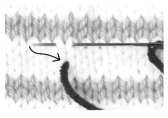

1 縫針從下針的 V 狀中心穿出，再從右往左穿過上 1 段的針目，最後穿回原先的出針處。

2 完成平面編刺繡的 1 個針目。

在左斜方上插針

3 接著，從左側上 1 段針目的中心出針。

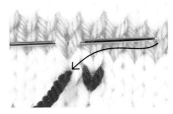

4 縫針穿過上 1 段，由左至右。

縫針穿進右側

5 縫針穿回原先的出針處，再從右側針目的中心出針。

6 縫針從左往右穿過上 1 段的針目，最後穿回原先的出針處。

在右斜方上插針

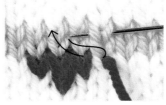

7 縫針從旁邊針目出針，左往右穿過上 1 段的針目，再根據箭頭方向從左側穿進。

左側穿進

8 上圖顯示穿針時的情形。持續往左側方向穿 4 目。

縱向穿進

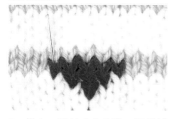

9 從上 1 段的中心出針，再根據箭頭位置從右往左穿過上 1 段的針目。

左側穿進

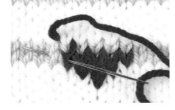

10 縫針穿回原先的出針處，再從左側針目出針。

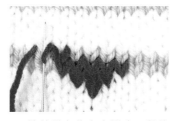

11 縫針從左往右穿過上 1 段的針目，再穿回。

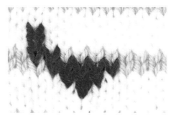

12 參照上圖，穿進指定的位置。

製作毛球

✤ 5・7 彩色條紋毛衣＆帽子 照片→ p.20

1 在 4cm 的厚紙板上，繞線 50 次。

2 將線從厚紙板拿下，綁住中間，並將線繞到後方再綁緊。

3 剪開線圈的部分。

4 修剪毛球的形狀，大功告成。

織入圖案的編織方法 （反面渡線的方法）

❖ 10 費爾島小背心 照片→ p.23

＊由於後方渡線的綠色線過長，在途中和深綠色交錯織入。

第 2 段

1 用青苔綠色線（主線）織下針 1 段，青苔綠休針，用黃綠色線（配色線）織 1 目。

2 黃綠色線休針，用青苔綠色線織 2 目。

3 棒針穿進第 4 目，用黃綠色掛在棒針尖端，再用青苔綠色線依照箭頭方向織下針。

4 完成的織片。黃綠色線穿進青苔綠色線的編織目內。

5 黃綠色線休針，用青苔綠色線織 1 目（上方圖片）。持續用青苔綠色線織 1 目。

6 將青苔綠色線置於上方，織黃綠色線 1 目。將毛線球放在編織時毛線不會互相纏繞的位置。

7 黃綠色線休針，織下個圖案編織的青苔綠色線。依照圖案織 2 段。

第 3 段

8 編織開始是先交錯青苔綠色線和黃綠色線，並開始編織。

交錯

9 同於第 2 段，換配色線時，將青苔綠色線置於上方，黃綠色線休針，依照圖案編織繼續編織。

第 4 段

交錯

10 與第 2 段相同，編織開始是先交錯青苔綠色線和黃綠色線，並用黃綠色先開始編織。

下針的情形

11 黃綠色線織 5 目時，青苔綠色線會在後方渡線過長，因此當黃綠色線織完 2 目時，在第 3 目的棒針尖端就要掛上青苔綠色線，再依照箭頭方向掛上黃綠色線編織。

12 青苔綠色線穿進黃綠色線的編織目內。再依照箭頭方向，用黃綠色線織下個針目。

第 5 段

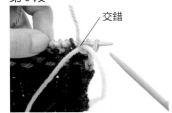

交錯

13 編織開始是先交錯黃綠色線和未染的原色線。

上針的情形

14 織黃綠色線 5 目時，原色線會在後方渡線過長，因此當綠色線織完 2 目時，在第 3 針目的棒針尖端就要掛上原色線。

15 織黃綠色線。

16 用黃綠色線織下個針目。原色線穿進黃綠色線的針目內，完成編織。

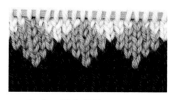

17 完成 9 段的織片。

18 從織片的反面看。

從收針的針目挑針

1 最後 1 段以伏針收針。依照左側圖片的箭頭方向,將棒針穿進針目的中心,然後掛線再引線(右側圖片)。

*作品要從指定的位置挑針

2 反覆 1 的步驟,完成 5 目的織片。

用引拔針織直條紋

❀ **11 暖暖格紋毛衣** 照片→ p.24

1 將棒針穿進引拔針開始織的針目,在後方將線掛在鉤針尖端上。並引出鉤針尖端的線(右側圖片)。「持續將鉤針穿進上 2 段的針目內。」

2 掛線引出後,依照左側圖片的箭頭方向引拔。右側照片是完成引拔的織片。

3 反覆 1 的「」和 2,織完數段引拔針後的織片。

4 織完圖案編織後的 1 個圖案。

領子花邊的編織方法

❀ **13・14 隨風飄飄荷葉邊洋裝** 照片→ p.26

1 從前開處開始編織。在織片的後方,將鉤針穿進從第 9 段開始編織的位置邊端數來第 1 目和第 2 目之間,引出編織線並鉤住。

2 引出線並鉤住的情形。

3 織鎖針 2 目,在第 11 段織引拔針 1 目。

4 完成引拔。

5 反覆 3、4,持續織到領尖。

6 織鎖針 2 目。依照箭頭方向穿針後織引拔針,並從針上放線。

7 完成的織片。

8 持續反覆編織 6、7。另一側的前開部分請參照 3、4 編織。

製作花朵的方法
❖ 14 隨風飄飄荷葉邊洋裝 照片→ p.26

1 織花瓣,編織結束後留 25cm 的線端再剪線。

2 從記號圖的★側,將花瓣調整好並往中心方向捲。

3 整理形狀,用大頭針將底部暫時固定住。用線端穿針,並縫底部。

4 縫針以放射線狀的縫法,將底部縫合。右下方是完成圖片。

織入圖案的編織方法
❖ 20 星星圖案背心 照片→ p.33

第1段

*準備淺綠(薄荷綠)色毛線 3 球、黃色毛線 2 球

● =淺綠(薄荷綠)色毛線球
◑ =黃色毛線球

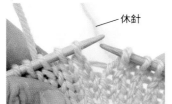

休針

1 在織入圖案的地方,織到主線(淺綠色❶)後,先休針。

黃色(❶)

2 換上配色線(黃色)的毛線球(❶),織 2 目。

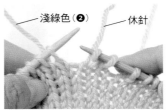

淺綠色(❷)   休針

3 黃色線休針,準備淺綠色的毛線球(❷)。

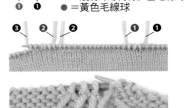

❸ ❷ ❷   ❶ ❶

4 每次配色時,準備好毛線球,依照織入圖案編織。

第2段 換配色線時要交錯編織線

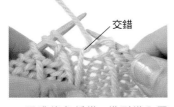

交錯

5 用淺綠色編織,織到織入圖案為止,與黃色線交錯。

6 用黃色線織 2 目。

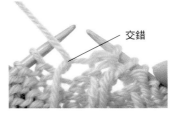

交錯

7 交錯黃色線和淺綠色線。

8 用淺綠色線織 1 目。持續編織到黃色的織入圖案為止,換配色線時,用交錯編織線的方式編織。

第3段

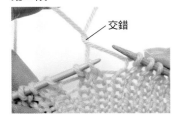

交錯

9 用淺綠色編織,織到織入圖案為止,再與黃色線交錯。

10 用黃色線織 4 目。換配色線時,用交錯編織線的方式編織。

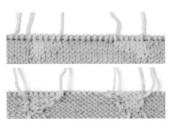

11 完成 5 段編織的織片。參照第 2、3 段,在換配色線時,交錯後持續織圖案編織。

❖ 處理編織開始的線端

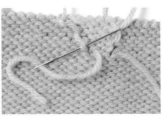

12 將編織開始的線端以縱向渡線的方式處理。

開始編織狗狗毛衣前

❖ 測量狗狗的尺寸
狗狗的體型依品種而略有差異，所以，要開始編織這些作品前，必須先確認自家狗狗的尺寸！首先，讓狗狗站直，以皮尺測量。測量處包括：頸圍、胸圍和身長。

❖ 調整尺寸
書中的作品都是依照狗狗模特兒的身體尺寸製作。量好自家狗狗的尺寸後，從下方表格中找出最相近的，腦中輕鬆就有個概念了。即使尺寸都不合，可以藉由更換1～2號的棒針來調整（參照 p.4）。

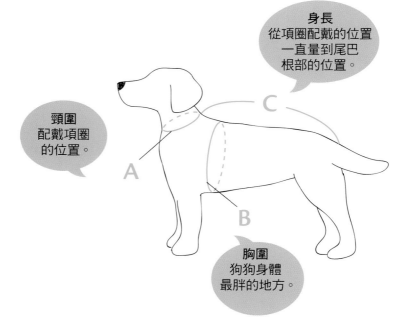

身長
從項圈配戴的位置一直量到尾巴根部的位置。

頸圍
配戴項圈的位置。

胸圍
狗狗身體最胖的地方。

本書狗狗模特兒尺寸表 （單位：cm）

作品 No.	狗狗品種	名字／性別	頸圍	胸圍	身長
1,18	玩具貴賓狗	LUANA／♀	23	40	38
2,17	玩具貴賓狗	KOKO／♀	20	33	37
3,22	博美狗	柚嬉／♀	21	32	21
4,23	博美狗	卯依／♀	21	31	21
21	博美狗	噗太／♂	26	34	36
5,13	吉娃娃	MEL／♀	17	27	20
6,14,25	吉娃娃	小鈴／♀	18	28	23
7	吉娃娃	TSUI／♀	21	32	27
8,26	吉娃娃	TIROL／♂	20	26	22
9	迷你長毛臘腸犬	TIFFA／♀	27	40	37
10	巴吉度獵犬	LUNA／♀	27	52	40
11	諾福克梗犬	HYUMA／♂	26	42	30
12	迷你雪納瑞	RACHEL／♀	26	45	29
15	吉娃娃與貴賓狗混種	CHOCOA／♀	18	28	22
16	約克夏梗犬	RILA／♂	18	28	22
19	比熊犬	VIVIAN／♀	27	42	36
20	波士頓梗犬	RIN／♀	30	46	29

Part1

狗狗最愛
的毛衣和玩具

Dog's Favorite Wear
and Goods

不管是要禦寒或是替自家愛犬裝扮，

編織毛衣是最值得推薦的單品。

書中收錄 31 款棒針、鉤針編織的狗狗毛衣和玩具，都是量身訂做。

讀者可以參照 p.12 先確認愛犬的體型，

再選擇喜愛的衣服款式製作。

本書的
狗狗模特兒

時尚北歐風毛衣

做法 ＃ 參照 p.42
設計＆製作 ＃ 鎌田惠美子

以時尚配色編織北歐花樣毛衣，讓狗狗朝氣蓬勃地度過寒冷的冬天。

前身片運用了鬆緊編織，所以體型稍微大一點的狗狗也能輕鬆穿上。

筆一下！

藍白紅三色水手背心

做法 ＃ 參照 p.44
設計＆製作 ＃ ENDOU HIROMI

在配色不同的背心上，點綴以錨和鯨魚圖案，
令人眼睛為之一亮。
這些特別的圖案都是編織完成後，
再以平面編刺繡繡上去的，
對於不擅長織入圖案的人來說，
輕鬆便能完成這件背心。

3

4

快點跑啊！

彩色條紋毛衣&帽子

做法 ✧ 參照 p.46
設計 ✧ 河合真弓
製作 ✧ 栗原由美

粉紅、黃、藍、綠色的條紋毛衣一字排開！

雖然是簡單的設計，但這些可愛的狗狗讓衣服更顯眼，

作品 **5** 和 **7** 還可以搭配同款花樣的帽子。對於不擅長織入圖案的人來說，輕鬆便能完成編織。

好開心呀！♪

冰島傳統花樣休閒毛衣

做法 ＃ 參照 p.50
設計＆製作 ＃ 今村曜子

這是以冰島傳統花樣為設計靈感，
用黑色、棕色毛線編織的成人可愛風毛衣。
而且露出一點袖子，非常可愛！

好吃啊！

費爾島小背心

做法 ⇨ 參照 p.52
設計＆製作 ⇨ 今村曜子

這是選用和巴吉度獵犬毛色
相襯的橘色、綠色毛線編織的背心。
穿上這件背心，
讓淡毛色的狗狗更顯精神奕奕。
一針一針地編織，
更能體驗手作的樂趣！

10

11

暖暖格紋毛衣

做法 ✤ 參照 p.54
設計＆製作 ✤ ENDOU HIROMI

以暗紅格紋為主體的毛衣，胸前配上深藍色，真是帥呆了。
直線是整件衣服編織完成後，再一針一針繡上。
稍微柔軟膨鬆的立體外型，更具時尚感。

大家
一起來玩吧！

北歐風織入圖案毛衣

做法 ＃ 參照 p.56
設計＆製作 ＃ 今村曜子

這是以未染的原色和紅色毛線交織編成北歐風圖樣毛衣，
和狗狗的深色毛很相襯，
不管是帥氣風或可愛風，都能輕鬆穿搭。

12

13

13

隨風飄飄荷葉邊洋裝

做法 ♯ 參照 p.58
設計 ♯ 河合真弓
製作 ♯ 栗原由美

14

既華麗又可愛的兩層波浪連身裙，
以充滿女性氛圍的蝴蝶結和玫瑰裝飾，
更能凸顯狗狗的可愛！

喝下午茶嗎？

好漂亮呀！！

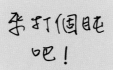

來打個盹吧！

樹葉圖案蕾絲背心

做法 # 參照 p.62
設計＆製作 # 今村曜子

好美的鏤空樹葉圖樣的背心！
頸部穿入繩帶的設計，拉緊後便成了波浪花邊，
方便依狗狗的頸圍尺寸調整。

15

小花圖案背心

做法 ✚ 參照 p.64
設計＆製作 ✚ 今村曜子

柔和的顏色搭配小花圖案，這件背心吸引了眾人的目光。
這款設計，讓小型狗狗瞬間變得既華麗，又不失可愛。

阿蘭圖案連帽毛衣

做法 ⊹ 參照 p.66
設計&製作 ⊹ 鎌田惠美子

寒冬裡，給狗狗穿上連帽毛衣如何？

因為織片具有伸縮性，體型稍大的狗狗也可以穿。

背後的阿蘭圖案，讓冬天變得有趣，不再枯燥。

我一點
都不冷

愛心圖案可愛毛衣
做法 ✢ 參照 p.68
設計＆製作 ✢ KAWAZI YUMIKO

這件毛衣以背上兩顆愛心為設計重點，
搭配波浪邊更加美麗。
穿上它，自家狗狗瞬間可愛度破表。

20

我是大明星！

星星圖案背心

做法 ⚹ 參照 p.71
設計＆製作 ⚹ KAWAZI YUMIKO

活潑的法國鬥牛犬與時尚星星圖案特別搭。
圍繞在星星周圍的圓胖胖球，
是編織完成之後縫上去的，
鉤針不拿手的人也能安心製作。

連耳動物造型毛衣

做法 ⊹ 參照 p.74
設計＆製作 ⊹ KAWAZI YUMIKO

可以變成小熊、兔子和青蛙。
將耳朵與帽子連結，
就能變成各種可愛的動物囉！
你想將自家狗狗變成哪一種動物呢？

變身
か肎蛙！？

條紋柔軟毛線墊

做法 ＃ 參照 p.78
設計＆製作 ＃ 藤田智子

這塊用骨頭和肉球搭配的可愛毛線墊，
是以玉針鉤成，所以非常蓬鬆柔軟。
加上使用壓克力毛線，
髒了也能馬上清洗，可以放心使用。

24

小巧時尚領圍

做法 # 參照 p.79
設計&製作 # 藤田智子

這是時尚狗狗的必備配件。
蝴蝶結款很可愛,
鈕釦款則帥氣有型。

25

26

超便利散步提包

做法 ⊞ 參照 p.80
設計&製作 ⊞ MATSUMOTO KAORU

在外出散步必備的提包上,

外側加上了面紙口袋的貼心設計。

輕鬆便能抽取面紙,再方便不過了。

27

骨頭與球球玩具

做法 ✤ 參照 p.82
設計&製作 ✤ MATSUMOTO KAORU

可以製作尺寸不同的骨頭和球球玩具,
和狗狗一起歡樂地玩耍吧!
建議選擇適合狗狗嘴巴大小的玩具。

本書使用的毛線 MATERIAL GUIDE
*下圖中的毛線為實物大小。

Puppy
1 Cotton Kona　棉 100%，每卷 40g.，110m，25 色，適用鉤針 4/0、6/0 號。
2 Queen Anny　羊毛 100%，每卷 50g.，97m，55 色，適用棒針 6 〜 7 號。
3 Mini Sport　羊毛 100%，每卷 50g.，72m，30 色，適用棒針 8 〜 10 號。

Hamanaka
4 Exceed Wool（粗線）羊毛 100%，每卷 40g.，80m，44 色，適用棒針 6 〜 8 號。
5 Amerry　羊毛 70%、壓克力 30%，每卷 40g.，110m，30 色，適用棒針 6 〜 7 號。
6 Fair Lady50　羊毛 70%、壓克力 30%，每卷 40g.，100m，45 色，適用棒針 5 〜 6 號。
7 Men's Club Master　羊毛 60%、壓克力 40%，每卷 50g.，75m，32 色，適用棒針 10 〜 12 號。
8 Hamanaka Love Bonny　壓克力 100%，每卷 40g.，70m，34 色，適用鉤針 5/0 號。
9 Hamanaka Bonny　壓克力 100%，每卷 50g.，60m，50 色，適用鉤針 7.5/0 號。

Richmore
10 Percent　羊毛 100%，每卷 40g.，120m，100 色，適用棒針 5 〜 7 號。
11 Bacara Pur　羊毛 90%（羊駝毛 33%、羊毛 33%、毛海 24%）、尼龍 10%，每卷 40g.，80m，14 色，適用棒針 7 〜 8 號。
12 Spectre Modem　羊毛 100%，每卷 40g.，80m，50 色，適用棒針 8 〜 10 號。
13 Spectre Modem（Fine）羊毛 100%，每卷 40g.，95m，30 色，適用棒針 6 〜 8 號。

⌗　**1** 〜 **13** 由左起依序為：材質→規格→線長→顏色數量→適合針號。
⌗　毛線顏色數量以 2015 年 10 月為準，實際（最新）情況可詢問品牌。
⌗　圖中的毛線顏色會因印刷有所差異。

Part2

織法與拼接法
How to Make

想要馬上編織書中的狗狗毛衣嗎？
建議你先參考 p.12 開始編織前、p.40 本書使用的毛線，
先確認自家狗狗的體型尺寸，
然後挑選適合的毛線製作。

時尚北歐風毛衣

照片 >> p.16

❀ 線材：Richmore、Percent
1 灰（93）…55g、淺粉紅（70）和亮粉紅（72）…各4g、紫（60）…3g。
2 未染的原色（1）…55g、黃（4）和橘（102）…各4g、黃綠（109）…3g。
❀ 針：5號棒針（2根、4根）、6號棒針（2根）
❀ 織片密度（10cm平方）：平面編織、織入圖案（6號）…23目26.5段、2目鬆緊編織（5號）…29目25.5段
❀ 狗狗模特兒尺寸（玩具貴賓狗）：
1 LUANA：頸圍23cm、胸圍40cm、身長38cm
2 KOKO：頸圍20cm、胸圍33cm、身長37cm

❀ 織法
1. 編織後身片
用手指掛線起針法起針62目，織2目鬆緊編織至第12段為止，以下針的扭針加針至63目，然後織平面編織的織入圖案50段，至肩膀為止。肩膀2針併1針減針，織15段，編織結束的針目先休針。

2. 編織前身片
用手指掛線起針法起針26目，織2目鬆緊編織至第62段為止。編織結束的針目先休針。

3. 縫合肩膀
前身片、後身片用挑綴縫（參照p.6）縫合。

4. 縫合側邊
從前身片、後身片的袖口開始用挑綴縫縫合。

5. 編織領子
將在前身片、後身片暫時休針的針目移至4根棒針上，並在前身片的邊端針目處接線。第1段在肩膀接合留份處，2針併1針減針，編織59目，結尾處加1目，共60目。然後織2目鬆緊編織至第28段為止。結尾處以鉤針織入1段花邊。

6. 編織袖子
從袖口挑針，織2目鬆緊編織至第13段為止。編織結束後收針。

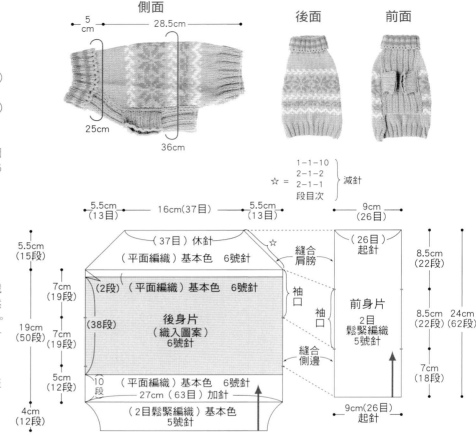

側面　　後面　　前面

5cm　28.5cm
25cm
36cm

☆ = 1-1-10 / 2-1-2 / 2-1-1 段目次　減針

5.5cm（13目）　16cm（37目）　5.5cm（13目）　9cm（26目）

5.5cm（15段）　（37目）休針　（平面編織）基本色 6號針　☆　縫合肩膀　（26目）起針
7cm（19段）　（2段）（平面編織）基本色 6號針　袖口　8.5cm（22段）
19cm（50段）　（38段）　後身片（織入圖案）6號針　前身片 2目鬆緊編織 5號針　8.5cm（22段）（62段）　24cm
7cm（19段）　縫合側邊
5cm（12段）　10段　（平面編織）基本色 6號針　7cm（18段）
4cm（12段）　27cm（63目）加針　9cm（26目）起針
（2目鬆緊編織）基本色 5號針
（62目）起針

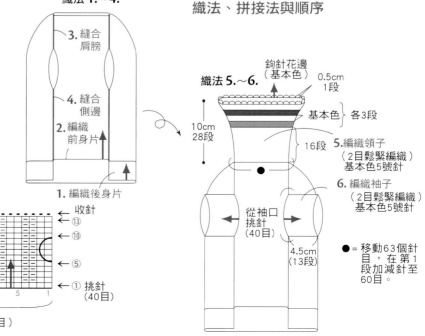

織法 1.～4.
3.縫合肩膀
4.縫合側邊
2.編織前身片
1.編織後身片

織法、拼接法與順序

織法 5.～6.
鉤針花邊（基本色）0.5cm 1段
基本色 各3段
10cm 28段　16段
5.編織領子（2目鬆緊編織）基本色5號針
6.編織袖子（2目鬆緊編織）基本色5號針
從袖口挑針（40目）
4.5cm（13段）
● = 移動63個針目，在第1段加減針至60目。

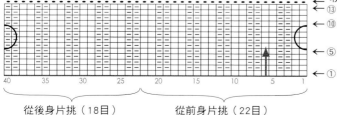

袖子的織法（輪編）4根針（5號）
← 收針
← ⑬
← ⑩
← ⑤
← ① 挑針（40目）
40　35　30　25　20　15　10　5　1
從後身片挑（18目）　從前身片挑（22目）

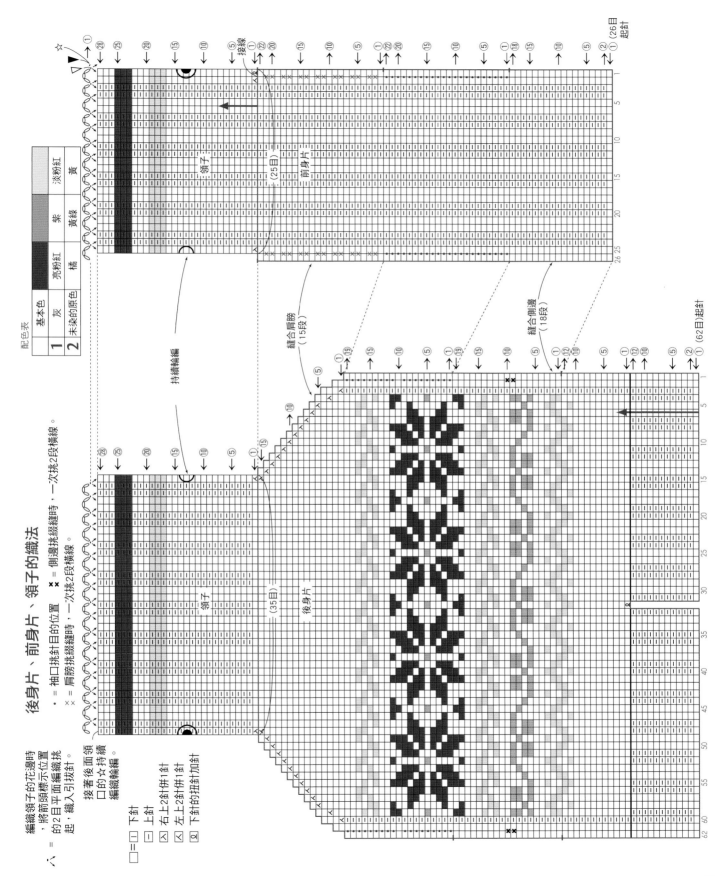

配色表

	基本色	亮粉紅	紫	淡粉紅
1	灰		黃綠	黃
2	未染的原色	橘		

後身片、前身片、領子的織法

編織領子的花邊時，將前頭標示位置

八 = 的2目平面編織挑起，織入引拔針。

接著後面領口的众持續編織輪編。

- = 袖口挑針目的位置

× = 側邊挑縫縫時，一次挑2段橫線。

×× = 肩膀挑縫縫時，一次挑2段橫線。

□ = 下針
‐ = 上針
⋀ = 右上2針併1針
⋀ = 左上2針併1針
⊠ = 下針的扭針加針

持續輪編

縫合肩膀（15段）

縫合側邊（18段）

領子

領子片

前身片

後身片

（35目）

（25目）

（26目）起針

（62目）起針

藍白紅三色水手背心

照片 >> p.18

❀ 線材：Hamanaka Fair Lady50

3 淡藍（80）…25g.、未染的原色（2）13g.、粉紅（101）…3g.

4 未染的原色（2）…25g.、粉紅（101）13g.、藍（107）…3g.

❀ 針：6 號棒針（2 根、4 根）

❀ 織片密度（10cm 平方）：平面編織…21 目 28 段

❀ 狗狗模特兒尺寸（博美狗）：

1 柚嬉：頸圍 21cm、胸圍 32cm、身長 21cm

2 卯依：頸圍 21cm、胸圍 31cm、身長 21cm

❀ 織法

1. 編織後身片

以 A 色線用手指掛線起針法起針 53 目，織 1 目鬆緊編織 1 段。第 3 段開始改用 B 色線編織 4 段。第 7 段開始織平面編織的條紋圖案，編織袖口的 14 段時，兩端的 5 目用鬆緊編織來織，然後編織至第 30 段。肩膀 2 針併 1 針減針，織 14 段，編織結束的針目先休針。

2. 編織前身片

以 A 色線用手指掛線起針法起針 27 目，織 1 目鬆緊編織 1 段。第 3 段開始和後身片一樣，改用 B 色線編織 4 段。第 7 段開始織平面編織的條紋圖案，從第 10 段開始，在袖口 20 段時，兩端的 5 目用鬆緊編織來織，然後編織至第 30 段。

3. 縫合肩膀

前身片、後身片用挑綴縫（參照 p.6）縫合。

4. 縫合側邊

從前身片、後身片的袖口開始用挑綴縫縫合。

5. 編織領子

將在前身片、後身片暫時休針的針目移至 4 根棒針上，並在前身片的邊端針目處接線。第 1 段在肩膀接合留份處，2 針併 1 針減針，編織 54 目，織 1 目鬆緊編織至第 5 段。編織結束的針目先休針。

6. 編織袖子

後身片加上平面編刺繡（參照 p.8）就完成囉！。

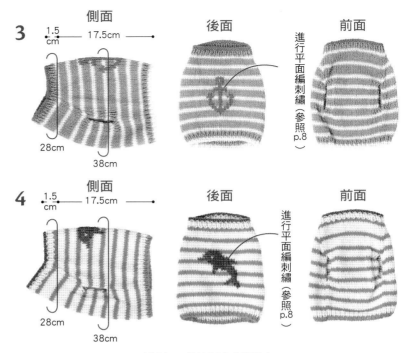

3 側面 1.5cm 17.5cm 28cm 38cm 後面 進行平面編刺繡（參照 p.8） 前面

4 側面 1.5cm 17.5cm 28cm 38cm 後面 進行平面編刺繡（參照 p.8） 前面

織法、拼接法與順序

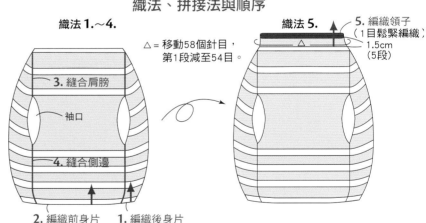

織法 1.～4.

△ = 移動58個針目，第1段減至54目。

3. 縫合肩膀 袖口 4. 縫合側邊

2. 編織前身片 1. 編織後身片

織法 5.

5. 編織領子（1目鬆緊編織） 1.5cm（5段）

☆ = 2-1-1 1-1-4 2-1-1 段目次 重複2次減針

5cm（11目） 15cm（31目） 5cm（11目）

5cm（14段）（31目）休針

5cm（14段）後身片（平面編織）

10.5cm（30段）

5.5cm（16段）25cm（53目）

2cm（6段）（1目鬆緊編織）

（53目）起針

袖口 縫合 ☆ 縫合

13cm（27目）

（27目）休針 6.5cm（18段）

前身片（平面編織） 19cm（54段） 7cm（20段）

13cm（27目） 5.5cm（16段）

（1目鬆緊編織） 2cm（6段）

（27目）起針

後身片、前身片、領子的織法

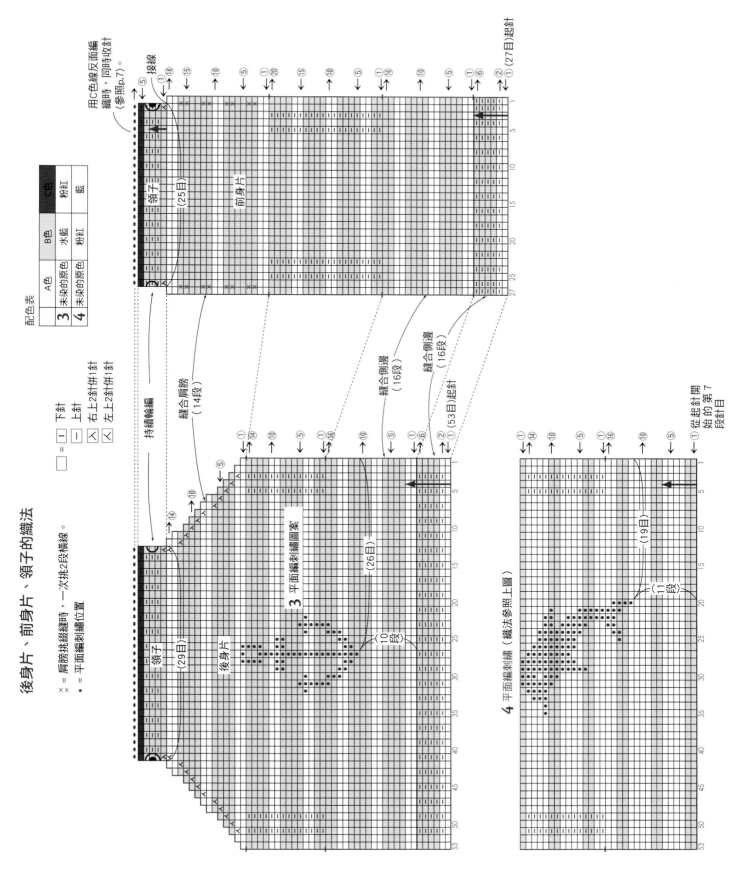

配色表

	A色	B色	C色
3	未染的原色	水藍	粉紅
4	未染的原色	粉紅	藍

☒ = 肩膀挑縫縫時,一次挑2段橫線。
• = 平面編刺繡位置

□ = | 下針
— = 上針
人 = 右上2針併1針
入 = 左上2針併1針

用C色線反面反面編
織時,同時收針
(參照p.7)。

接線

後身片

前身片

領子

3 平面編刺繡圖案

(26目)

(10段)

(29目)

(25目)

(27目)起針
(53目)起針

持續輪編
縫合肩膀
(14段)
縫合側邊
(16段)
縫合側邊
(16段)

4 平面編刺繡(織法參照上圖)

(19目)
(11段)

從起針開始的第7段針目

彩色條紋毛衣&帽子

照片 >> p.20

基本技巧 >> p.4

❖ 線材：Puppy　Queen Anny

5 鮮豔粉紅（974）…27g.粉紅（938）…22g.白（802）…3g.

6 橘（967）…27g.、黃（934）…22g.、白（802）…3g.

7 藍（965）…27g.、水藍（962）…22g.、白（802）…3g.

8 深綠（853）…27g.、綠（935）…22g.、白（802）…3g.

❖ 針：6 號棒針（2 根、4 根）

❖ 織片密度（10cm 平方）：平面編織…19 目 28 段、1 目鬆緊編織…19 目 30 段

❖ 狗狗模特兒尺寸（吉娃娃）：

5 MEL：頸圍 17cm、胸圍 27cm、身長 20cm

6 小鈴：頸圍 18cm、胸圍 28cm、身長 23cm

7 TSUI：頸圍 21cm、胸圍 32cm、身長 27cm

8 TIROL：頸圍 20cm、胸圍 26cm、身長 22cm

❖ 織法

1. 編織後身片

用手指掛線起針法起針 43 目，織 1 目鬆緊編織至第 6 段為止，持續織平面編織的條紋圖案 42 段，至肩膀為止。肩膀 2 針併 1 針減針，織 12 段，編織結束的針目先休針。

2. 編織前身片

用手指掛線起針法起針 21 目，織 1 目鬆緊編織至第 55 段為止。編織結束的針目先休針。

3. 縫合肩膀

前身片、後身片用挑綴縫（參照 p.6）接合。

4. 縫合側邊

從前身片、後身片的袖口開始用挑綴縫接合。

5. 編織領子

將在前身片、後身片暫時休針的針目移至 4 根棒針上，並在前身片的邊端針目處接線。第 1 段在肩膀接合留份處，2 針併 1 針減針，編織 38 目，再用輪編織 1 目鬆緊編織至第 16 段為止。編織結束後收針。

6. 編織袖子

從袖口挑 30 目，用輪編織 1 目鬆緊編織至第 6 段為止。編織結束後收針。

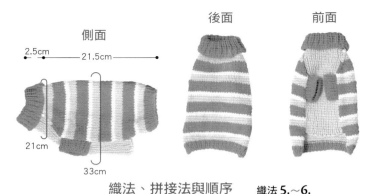

側面　後面　前面

2.5cm　21.5cm　21cm　33cm

織法、拼接法與順序

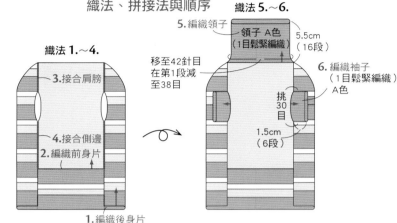

織法 1.~4.

3.接合肩膀
2.編織前身片
4.接合側邊
1.編織後身片

織法 5.~6.

5.編織領子
領子 A色（1目鬆緊編織）
5.5cm（16段）
移至42針目在第1段減至38目
6.編織袖子（1目鬆緊編織）A色
挑30目
1.5cm（6段）

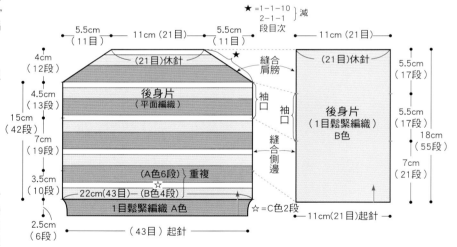

★=1-1-10 / 2-1-1 減　段目次

5.5cm（11目）　11cm（21目）　5.5cm（11目）

4cm（12段）　（21目）休針

4.5cm（13段）　後身片（平面編織）

15cm（42段）　7cm（19段）

3.5cm（10段）　（A色6段）重複

22cm（43目）（B色4段）

1目鬆緊編織 A色

2.5cm（6段）　（43目）起針

縫合肩膀　袖口　縫合側邊

☆=C色2段　☆

11cm（21目）　（21目）休針

5.5cm（17段）

後身片（1目鬆緊編織）B色

5.5cm（17段）

18cm（55段）

7cm（21段）

11cm（21目）起針

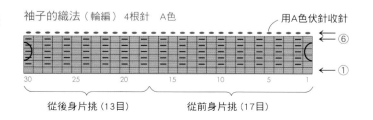

袖子的織法（輪編）　4根針　A色

用A色伏針收針

⑥　①

30　25　20　15　10　5　1

從後身片挑（13目）　從前身片挑（17目）

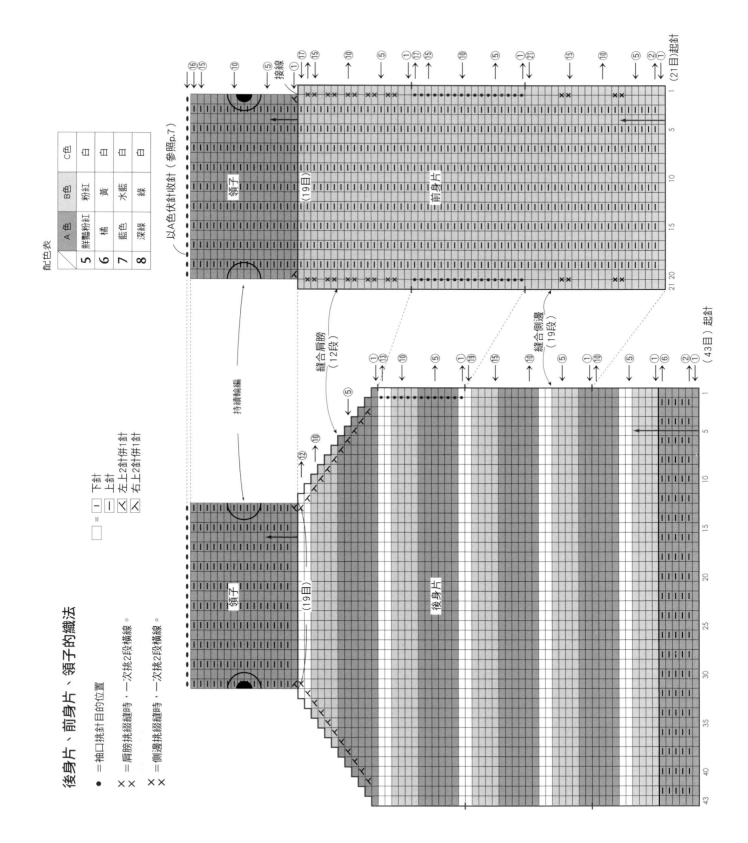

配色表

	A色	B色	C色
5	鮮豔粉紅	粉紅	白
6	橘	黃	白
7	藍色	水藍	白
8	深綠	綠	白

後身片、前身片、領子的織法

□ = | 下針
　 = 上針
⊼ = 左上2針併1針
⊠ = 右上2針併1針

● =袖口挑針目的位置

× =肩膀挑綴縫時，一次挑2段橫線。
× =肩膀挑綴縫時，一次挑2段橫線。

× =側邊挑綴縫時，一次挑2段橫線。
× =側邊挑綴縫時，一次挑2段橫線。

領子

前身片

領子

後身片

以A色伏針針收針（參照p.7）

接線

持續輪編

縫合肩膀（12段）

縫合側邊（19段）

（19目）

（21目）起針

（43目）起針

5 7

彩色條紋毛衣&帽子

照片 >> p.20

基本技巧 >> p.8

❖ 線材：Puppy Queen Anny

5 鮮豔粉紅（974）…10g.、粉紅（938）…8g.

7 藍（965）…10g.、水藍（962）…8g.

❖ 針：6號棒針（2根、4根）、鉤針5/0號

❖ 織片密度（10cm平方）：1目鬆緊編織…26目30段

❖ 織法

1. 編織頭圍

用手指掛線起針法起針52目，用輪編織1目鬆緊編織
10段。

2. 用1目鬆緊編織織側邊

從頭圍的結尾處接著用鬆緊編織，在前側織入13目，然
後織入7目伏針收針。用鬆緊編織，在後側織入25目，
然後織入7目伏針收針。從第2段開始分別於前側、後
側進行往復編織。

3. 編織2根線繩，製作毛球。

4. 縫至帽子頂部

在前側、後側的結尾處，來回穿2次線後拉緊，把毛球縫
至帽子頂部就完成囉！

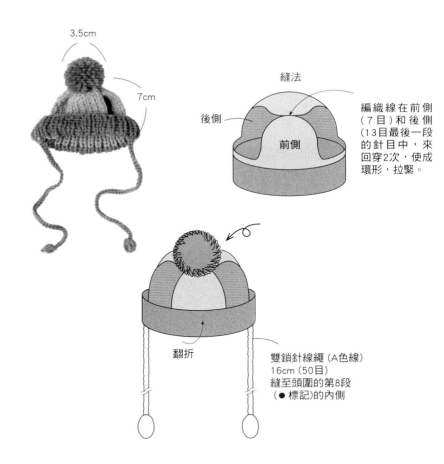

3.5cm

7cm

縫法

後側

前側

編織線在前側
（7目）和後側
（13目最後一段
的針目中，來
回穿2次，使成
環形，拉緊。

翻折

雙鎖針線繩（A色線）
16cm（50目）
縫至頭圍的第8段
（● 標記）的內側

配色表

	A色	B色
5	鮮豔粉紅	粉紅
7	藍	水藍

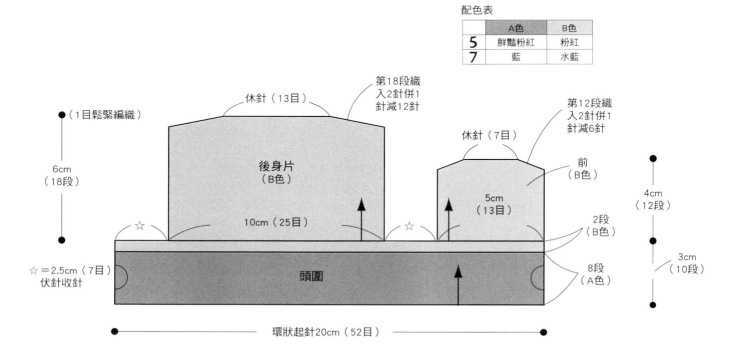

● （1目鬆緊編織）

6cm
（18段）

☆＝2.5cm（7目）
伏針收針

休針（13目）

第18段織
入2針併1
針減12針

後身片
（B色）

10cm（25目）

☆

☆

休針（7目）

第12段織
入2針併1
針減6針

前
（B色）

5cm
（13目）

4cm
（12段）

2段
（B色）

3cm
（10段）

8段
（A色）

頭圍

環狀起針20cm（52目）

線繩、A色（雙鎖針線繩）織法

1.

預留線繩3倍長的線頭，織入最初的針目（參照p.87）。

2.

①鉤針掛線
③引拔
②編織線掛在鉤針尖端
②、③織入鎖針

3.

參照步驟2.織50目，在結尾處的線不必掛到鉤針上，直接引拔，然後鉤織裝飾。

線繩頂端的裝飾 A色

1.8 cm

雙鎖針線繩的結尾處

製作毛球

厚紙板

4 cm

參照p.8，用A色線纏繞厚紙板50圈。

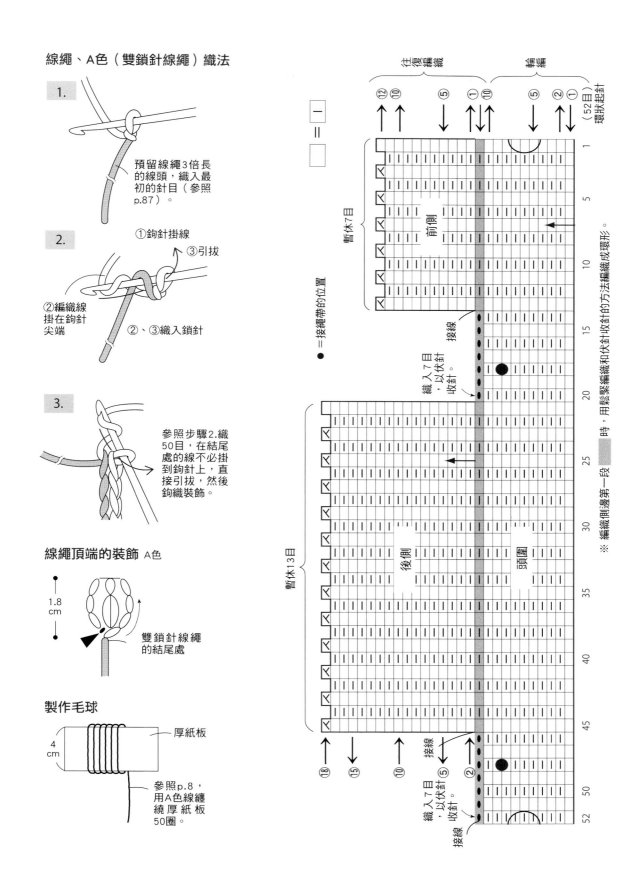

□ = □

■ = 接繩帶的位置

● = 接繩

往復編織　　輪編

⑫ ⑩　　⑤　　① ⑩　　⑤　　② ①

環狀起針（52目）

暫休7目

前側

織入7目，以伏針收針。　接線

後側　　頭圍

暫休13目

織入7目，以伏針收針。　接線

接線

⑱　　⑮　　⑩　　⑤　　②

※編織側邊第一段　　時，用髮鬆編織和伏針收針的方法編織成環形。

9

冰島傳統花樣休閒毛衣

照片 >> p.22

❀ 線材：Puppy、Mini-Sport／
白（430）…55g、黑（432）…50g、棕（702）
…15g.
❀ 針：7 號棒針（2 根、4 根）
❀ 織片密度（10cm 平方）：平面編織、織入
圖案…16 目 21 段
❀ 狗狗模特兒尺寸（迷你長毛臘腸犬）：
TIFFA：頸圍 27cm、胸圍 40cm、身長 37cm

❀ 織法
1. 編織後身片
用手指掛線起針法起針 53 目，織 1 目鬆緊編
織至第 8 段為止，然後以織入圖案（參照 p.9）
編織 51 段，至肩膀為止。肩膀 2 針併 1 針減針，
織 17 段，編織結束的針目先休針。

2. 編織前身片
用手指掛線起針法起針 23 目，以起伏編織編
至第 4 段，然後以織入圖案編織 62 段。編織
結束的針目先休針。

3. 縫合肩膀
前身片、後身片用挑綴縫（參照 p.6）縫合。

4. 縫合側邊
從前身片、後身片的袖口開始用挑綴縫縫合。

5. 編織領子
將在前身片、後身片暫時休針的針目移至 4
根棒針上，並在前身片的邊端針目處接線。
第 1 段在肩膀接合留份處，2 針併 1 針減針，
編織 46 目，再用輪編織 1 目鬆緊編至第 6
段為止。編織結束後收針。

6. 編織袖子
從袖口挑針，用輪編織平面編織 5 段，再織 1
目鬆緊編織 6 段。編織結束後收針。

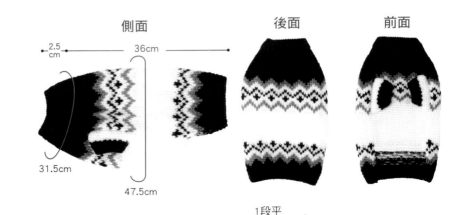

側面　　　後面　　　前面

2.5cm　36cm　31.5cm　47.5cm

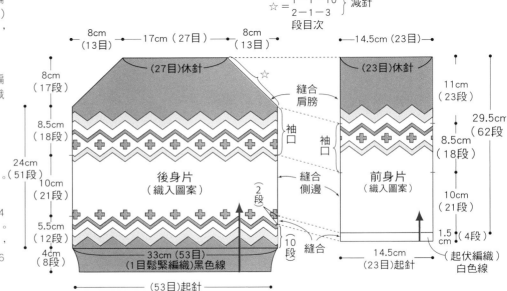

1段平
☆ = 1−1−10 } 減針
2−1−3
段目次

8cm（13目）　17cm（27目）　8cm（13目）　14.5cm（23目）

（27目）休針　　（23目）休針

8cm（17段）　8.5cm（18段）　10cm（21段）　5.5cm（12段）　4cm（8段）

24cm（51段）

後身片（織入圖案）　　前身片（織入圖案）

縫合肩膀　袖口　縫合側邊　縫合

2段　10段

33cm（53目）（1目鬆緊編織）黑色線

（53目）起針

14.5cm（23目）起針

11cm（23段）　29.5cm（62段）　8.5cm（18段）　10cm（21段）　1.5cm（4段）（起伏編織）白色線

織法、拼接法與順序

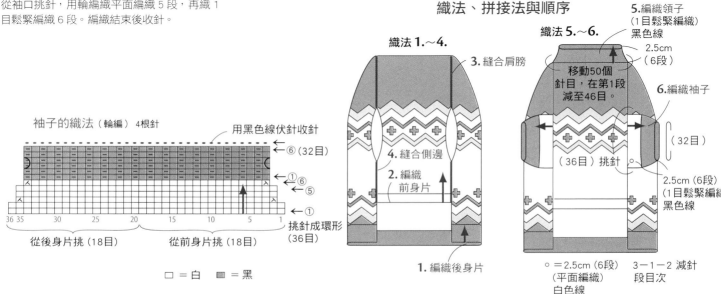

織法 1.～4.

3. 縫合肩膀
4. 縫合側邊
2. 編織前身片
1. 編織後身片

織法 5.～6.

5. 編織領子（1目鬆緊編織）黑色線
2.5cm（6段）
移動50個針目，在第1段減至46目。
6. 編織袖子
（32目）
（36目）挑針
2.5cm（6段）（1目鬆緊編織）黑色線
○ ＝2.5cm（6段）（平面編織）白色線
3−1−2 減針 段目次

袖子的織法（輪編）4根針

用黑色線伏針收針
⑥（32目）
①⑥
⑤
①

36 35　30　25　20　15　10　5　1

從後身片挑（18目）　　從前身片挑（18目）

挑針成環形（36目）

□ ＝白　■ ＝黑

50

後身片、前身片、領子的織法

配色表

白	(white)
棕	(light/tan)
黑	(dark/black)

□ = | 下針
一 上針
⋏ 右上2針併1針
⋌ 左上2針併1針

● =袖口挑針目的位置
×× =肩膀挑綴縫時，一次挑2段橫線。

以黑色線伏針收針

接線

領子
(21目)

前身片

每隔2段，把橫線
挑起來縫合。

(1)(23)起針

持續輪編

縫合肩膀
(17段)

縫合側邊
(21段)

縫合

領子
(25目)

後身片

(53目)起針

51

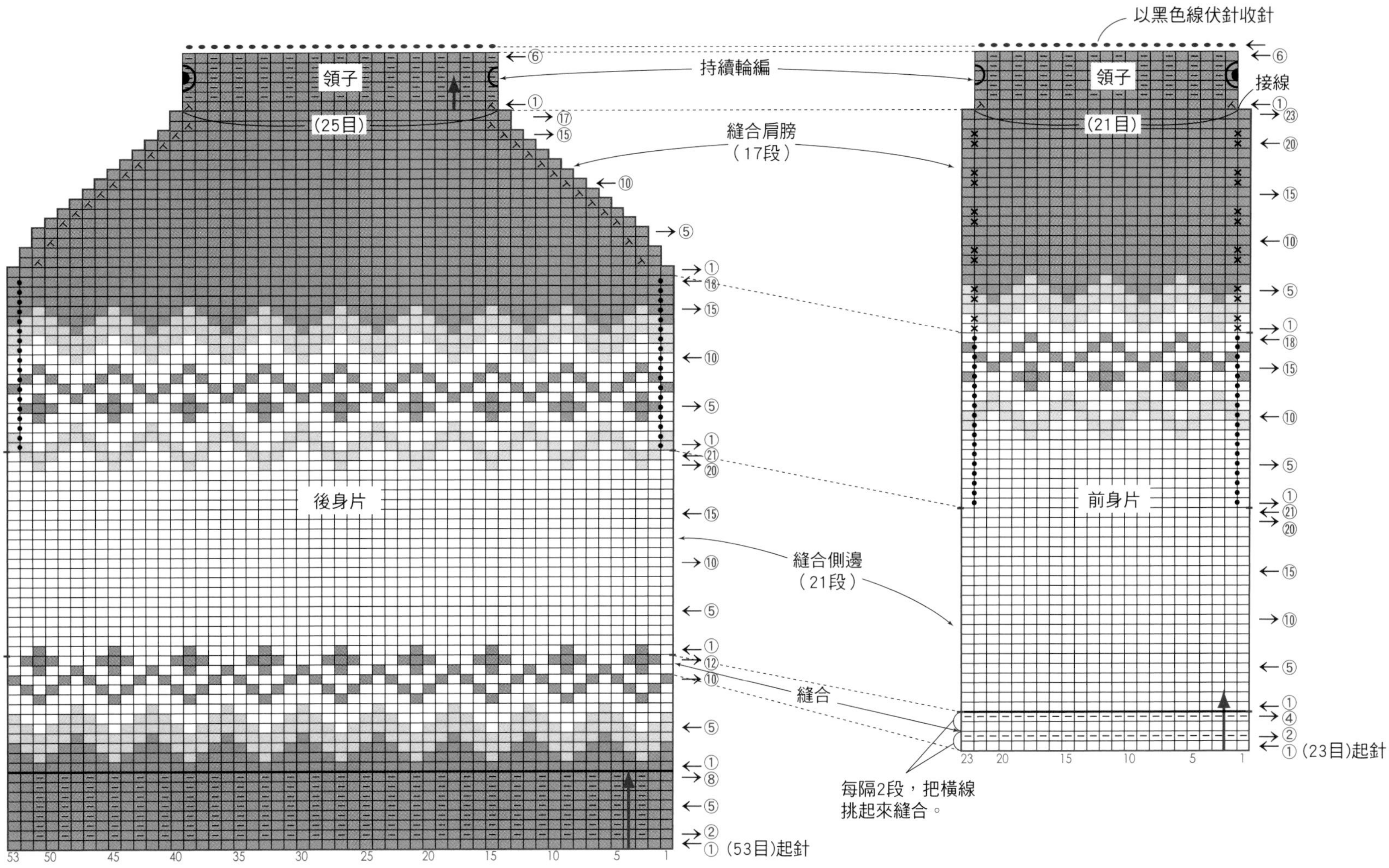

10

費爾島小背心

照片 >> p.24

基本技巧 >> p.10

❖ 線材：Puppy、Queen Anny／
未染的原色（869）…55g.、苔綠（971）…
50g.、黃綠（957）…20g.、橘（967）和淡
橘（988）…各15g.、紫（981）…少許

❖ 針：7號棒針（2根、4根）

❖ 織片密度（10cm平方）：織入圖案…19
目24段

❖ 狗狗模特兒尺寸（巴吉度獵犬）：
LUNA：頸圍27cm、胸圍52cm、身長40cm

❖ 織法

1. 編織後身片
用手指掛線起針法起針67目，織1目鬆緊
編織至第14段為止，然後以織入圖案（參
照p.9）編織至第64段為止。頂端減針，
織13段，編織結束的針目先休針。

2. 編織前身片
用手指掛線起針法起針37目，織1目鬆緊
編織至第8段，然後以織入圖案編織65段。
編織結束的針目先休針。

3. 縫合肩膀
前身片、後身片用挑綴縫（參照p.6）縫合。

4. 縫合側邊
從前身片、後身片的袖口開始用挑綴縫縫合。

5. 編織領子
將在前身片、後身片暫時休針的針目移至4
根棒針上，並在前身片的邊端針目處接線。
第1段在肩膀接合留份處，2針併1針減針，
編織74目，再用輪編織1目鬆緊編至第8
段為止。編織結束後收針。

6. 編織袖子
在前身片的袖口接線，從袖口挑針50目，用輪
編織1目鬆緊編織至第6段。編織結束後收針。

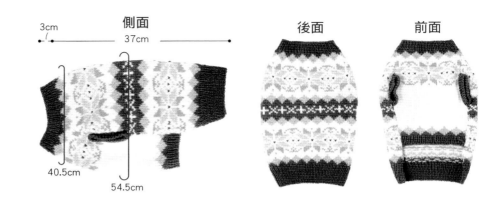

側面　　後面　　前面

3cm　37cm
40.5cm
54.5cm

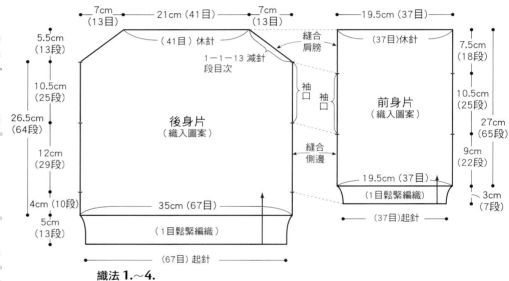

7cm（13目）　21cm（41目）　7cm（13目）
（41目）休針
5.5cm（13段）
1－1－13 減針 段目次
10.5cm（25段）
26.5cm（64段）
後身片（織入圖案）
12cm（29段）
4cm（10段）
5cm（13段）
35cm（67目）
（1目鬆緊編織）
（67目）起針

縫合肩膀
袖口　袖口
縫合側邊

19.5cm（37目）
（37目）休針
7.5cm（18段）
10.5cm（25段）
前身片（織入圖案）
27cm（65段）
9cm（22段）
19.5cm（37目）
（1目鬆緊編織）
3cm（7段）
（37目）起針

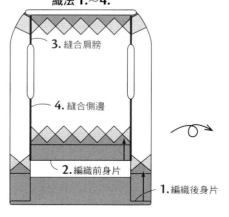

織法 1.～4.

3. 縫合肩膀
4. 縫合側邊
2. 編織前身片
1. 編織後身片

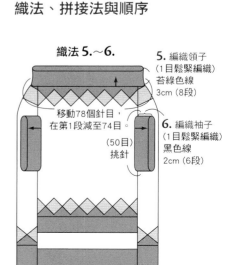

織法、拼接法與順序

織法 5.～6.

5. 編織領子
（1目鬆緊編織）
苔綠色線
3cm（8段）

移動78個針目，
在第1段減至74目。

（50目）挑針

6. 編織袖子
（1目鬆緊編織）
黑色線
2cm（6段）

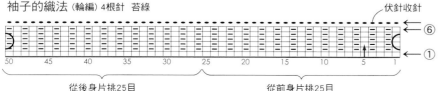

袖子的織法（輪編）4根針　苔綠

伏針收針
⑥
①
50　45　40　35　30　25　20　15　10　5　1
從後身片挑25目　從前身片挑25目

後身片、前身片、領子的織法

配色表

A色	B色	C色	D色	E色	F色
苔綠	黃綠	未染的原色	橘	淡橘	紫

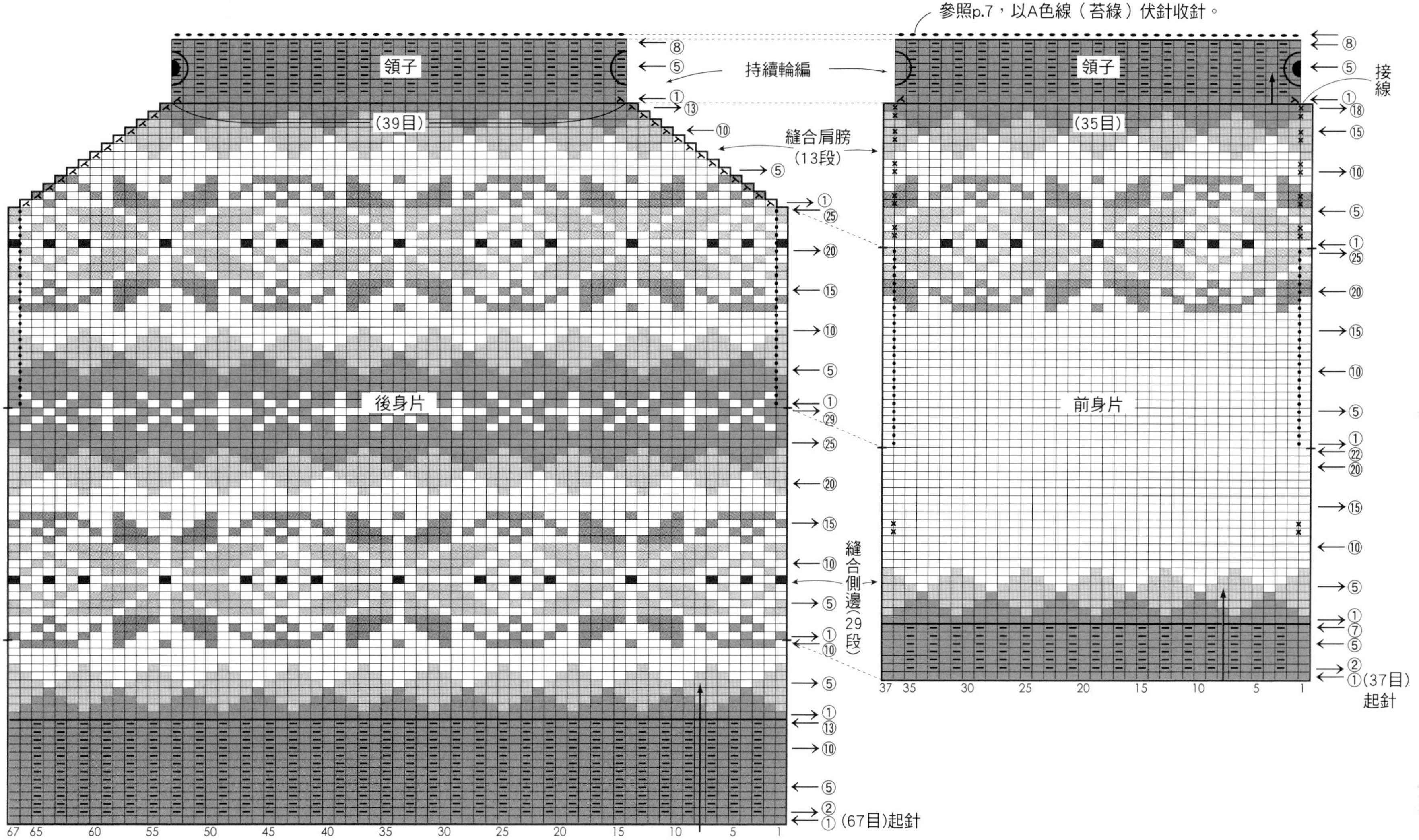

● ＝袖口挑針目的位置

✕ ＝肩膀挑綴縫時，一次挑2段橫線。

✕ ＝側邊挑綴縫時，一次挑2段橫線。

□ ＝ ｜ 下針
 － 上針
 入 右上2針併1針
 ✕ 左上2針併1針

（參照p.7，以A色線（苔綠）伏針收針。

領子（35目）

前身片

領子（39目）

後身片

縫合肩膀（13段）

縫合側邊（29段）

持續輪編

接線

⑴（37目）起針

⑴（67目）起針

53

11

暖暖格紋毛衣

照片 >> p.24

基本技巧 >> p.10

* **線材**：Hamanaka Amerry／
暗紅（6）⋯38g、海軍藍（17）35g、緋紅（5）
和草綠（13）和自然棕（23）⋯各10g.
* **針**：6號棒針（2根、4根）
* **織片密度（10cm平方）**：平面編織、條紋
圖案、圖案編織⋯18目30段、1目鬆緊編
織⋯26目30段
* **狗狗模特兒尺寸（諾福克㹴犬）**：
HYUMA：頸圍26cm、胸圍42cm、身長30cm

* **織法**

1. 編織後身片

用手指掛線起針法起針59目，織1目鬆緊編
織10段。然後用平面編織織條紋圖案，兩
端的5目用圖案編織織16段，第17段開始，
整體用平面編織的條紋圖案編織至肩膀，共
78段。肩膀2針併1針減針，織14段，編織
結束的針目先休針。用指定色線每2段織
引拔針，針編織直條紋（參照p.10）。

2. 編織前身片

用手指掛線起針法起針31目，織1目鬆緊編
織至第84段。編織結束的針目先休針。

3. 縫合肩膀

前身片、後身片用挑綴縫（參照p.6）縫合。

4. 縫合側邊

從前身片、後身片的袖口開始用挑綴縫縫合。

5. 編織領子

將在前身片、後身片暫時休針的針目移至4
根棒針上，並在前身片的邊端針目處接線。
第1段在肩膀接合留份處，2針併1針減針，
編織60目，用輪編織1目鬆緊編織至第14
段為止。編織結束後收針。

6. 編織袖子

從袖口挑針48目，織1目鬆緊編織至第8段
為止。編織結束後收針。

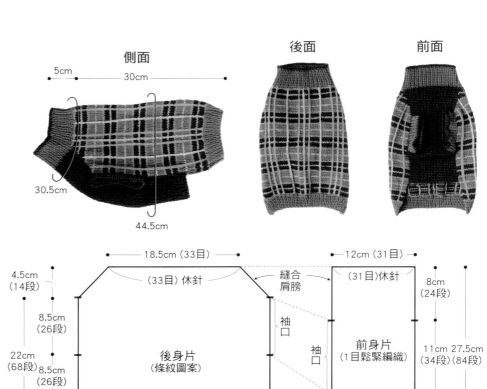

側面 後面 前面

5cm 30cm

30.5cm

44.5cm

4.5cm（14段）

（33目）休針 18.5cm（33目）

縫合肩膀

8.5cm（26段）

22cm（68段）

後身片（條紋圖案）

袖口

8.5cm（26段）

5cm（16段）

27.5cm（49目）

3.5cm（10段）

32.5cm（59目）

（1目鬆緊編織）

（59目）起針

2.5cm（5目）（圖案編織）＝

12cm（31目）

（31目）休針

8cm（24段）

袖口

前身片（1目鬆緊編織）

11cm（34段） 27.5cm（84段）

8.5cm（26段）

12cm（31目）起針

縫合側邊

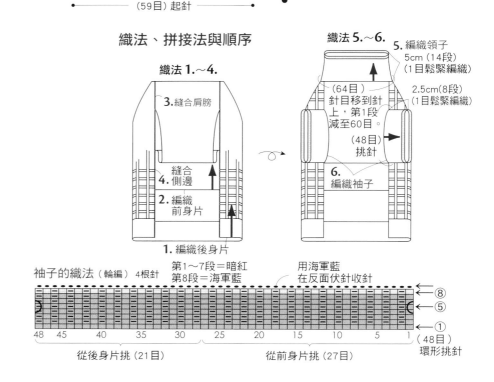

織法、拼接法與順序

織法1.～4.

3.縫合肩膀

縫合4.側邊

2.編織前身片

1.編織後身片

織法5.～6.

5.編織領子 5cm（14段）（1目鬆緊編織）

2.5cm（8段）（1目鬆緊編織）

（64目）針目移到針上，第1段減至60目。

（48目）挑針

6.編織袖子

袖子的織法（輪編）4根針

第1～7段＝暗紅
第8段＝海軍藍

用海軍藍在反面伏針收針

⑧
⑤
①
（48目）環形挑針

48 45 40 35 30 25 20 15 10 5 1

從後身片挑（21目） 從前身片挑（27目）

後身片、前身片、領子的織法

● =袖口挑針目的位置
× =肩膀挑綴縫時位置

● =袖口挑針綴縫時，一次挑3段橫線。
×× =肩膀挑綴縫時，一次挑2段橫線。

◐ =用引拔針（鉤針）鉤好直條紋（參照p.10），
持續鉤織到圖案至肩膀為止。

配色表

海軍藍		草綠	0	—	暗紅		緋紅		自然棕	0	—

用海軍藍從反面伏針收針

領子

前身片

(19目)

持續輪編

縫合側邊(14段)

縫合肩膀(26段)

領子

(31目)

後身片

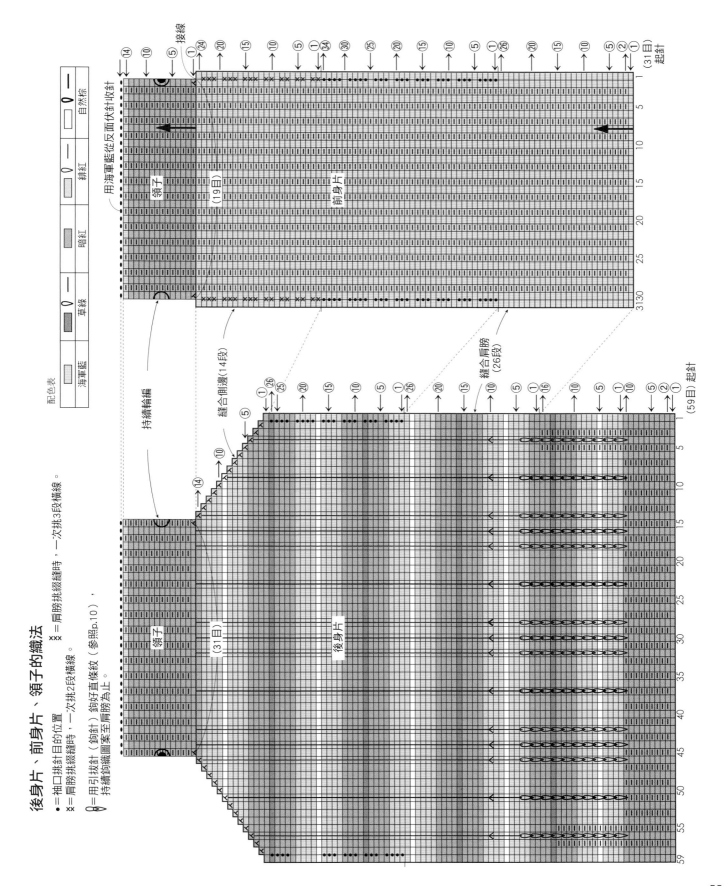

55

12

北歐風織入圖案毛衣

照片 >> p.25

❇ 線材：Hamanaka Men's Club Master／
未染的原色（1）…80g、紅（42）…25g.
❇ 針：7號棒針（2根、4根）
❇ 織片密度（10cm平方）：織入圖案 A、B
…17目22.5段
❇ 狗狗模特兒尺寸（迷你雪納瑞）：
RACHEL：頸圍26cm、胸圍45cm、身長29cm

❇ 織法

1. 編織後身片

用手指掛線起針法起針55目，織1目鬆緊
編織至第8段為止，然後以織入圖案（參照
p.9）編織至第41段。肩膀2針併1針減針，
織13段，編織結束的針目先休針。

2. 編織前身片

用手指掛線起針法起針29目，織1目鬆
緊編織至第6段為止，然後以織入圖案編
織49段。編織結束的針目先休針。以紅
色線編織織入圖案分開的針目時，留意反
面的渡線不要纏在一起。

3. 縫合肩膀

前身片、後身片用挑綴縫（參照p.6）縫合。

4. 縫合側邊

從前身片、後身片的袖口開始用挑綴縫縫合。

5. 編織領子

將在前身片、後身片暫時休針的針目移至
4根棒針上，並在前身片的邊端針目處接
線。第1段在肩膀接合留份處，2針併1
針減針，編織56目下針，再用輪編織1
目鬆緊編至第5段為止。編織結束後收針。

6. 編織袖子

從袖口挑針42目，用輪編織1目鬆緊編織至
第6段。編織結束後收針。

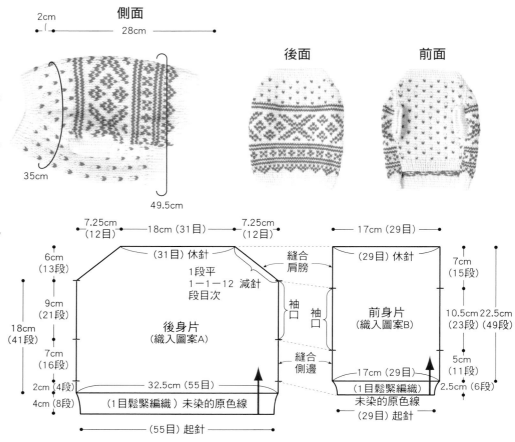

側面
2cm
28cm
35cm
49.5cm

後面　前面

7.25cm（12目）　18cm（31目）　7.25cm（12目）　17cm（29目）

（31目）休針　　（29目）休針

縫合肩膀

1段平 1-1-12 減針 段目次

6cm（13段）
9cm（21段）
18cm（41段）
7cm（16段）
2cm（4段）
4cm（8段）

後身片（織入圖案A）

袖口　袖口

縫合側邊

前身片（織入圖案B）

7cm（15段）
10.5cm（23段）22.5cm（49段）
5cm（11段）
2.5cm（6段）

32.5cm（55目）
（1目鬆緊編織）未染的原色線
（55目）起針

17cm（29目）
（1目鬆緊編織）未染的原色線
（29目）起針

織法、拼接法與順序

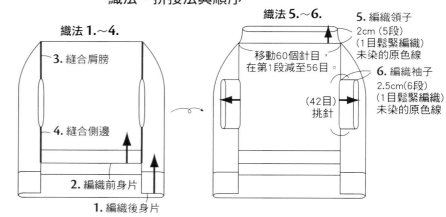

織法1.～4.

3. 縫合肩膀

4. 縫合側邊

2. 編織前身片

1. 編織後身片

織法5.～6.

移動60個針目，在第1段減至56目。

（42目）挑針

5. 編織領子
2cm（5段）
（1目鬆緊編織）未染的原色線

6. 編織袖子
2.5cm（6段）
（1目鬆緊編織）未染的原色線

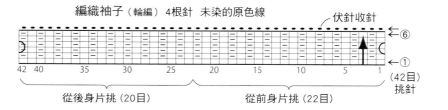

編織袖子（輪編）4根針 未染的原色線

伏針收針

⑥

①

42 40 　35　30　25　20　15　10　5　1

（42目）挑針

從後身片挑（20目）　從前身片挑（22目）

後身片、前身片、領子的織法

●＝袖口挑針目的位置
×＝側邊挑綴縫線時，一次挑2段橫線。
×＝肩膀挑綴縫線時，一次挑2段橫線。

□=| 下針
  － 上針
  入 右上2針併1針
  人 左上2針併1針

配色表
| | 紅 |
| | 未染的原色 |

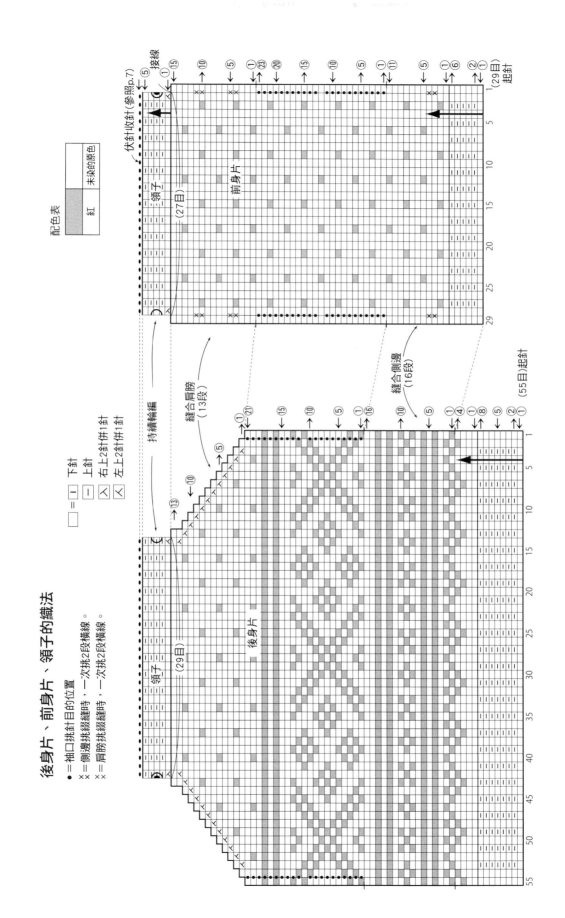

13 14

隨風飄飄荷葉邊洋裝

照片 >> p.26

基本技巧 >> p.10、p.11

❋ 線材：Hamanaka Amerry
13 天空藍（15）…53g.、自然白（20）…8g.
14 粉紅（7）…59g.、綠（14）…1g.

❋ 針：6 號棒針（2 根、4 根）、鉤針 5/0 號（花邊）、
7/0 號（荷葉邊的起針）

❋ 織片密度（10cm 平方）：圖案編織 A…19.5 目
28 段、圖案編織 B…19.5 目 24 段、1 目鬆緊編
織…21 目 30 段

❋ 狗狗模特兒尺寸（吉娃娃）：
13 MEL：頸圍 17cm、胸圍 27cm、身長 20cm
14 小鈴：頸圍 18cm、胸圍 28cm、身長 23cm

❋ 織法
1. 編織荷葉邊 A、B
以其他線起針法（參照 p.84）起針 86 目，以圖案
編織 A 編織荷葉邊 A 至第 25 段，織荷葉邊 B 至
第 15 段。編織結束的針目先休針。

2. 編織後身片
荷葉邊 B 疊放在荷葉邊 A 上，兩片一起挑 43 目，
用圖案編織 B 編織至 30 段至肩膀。肩膀 2 針一起
針減 10 針。編織結束的針目先休針。

3. 編織前身片
用手指掛線起針法起針 21 目，織 1 目鬆緊編織至
第 58 段。編織結束的針目先休針。

4. 縫合肩膀
前身片、後身片用挑綴縫（參照 p.6）縫合。

5. 縫合側邊
從前身片、後身片的袖口開始用挑綴縫縫合。

6. 編織領子
將在前身片、後身片暫時休針的針目移至 4 根棒
針上，並在前身片的邊端針目處接線。第 1 段在肩
膀接合留份處，2 針併 1 針減針，編織 40 目，再
用輪編編織至第 8 段，剪線。第 9 段在後面中心
接新線，然後在後面中心的針目處織入 2 目，用
往復編織 7 段。編織結束後收針。

7. 編織袖子
從袖口挑針 28 目，織 1 目鬆緊編織至第 6 段。編織
結束後收針。

8. 編織花邊
在荷葉邊的下襬、領子編織花邊（參照 p.10）。

9. 縫上裝飾
編織 **13** 的蝴蝶結、**14** 的玫瑰織片，在中心和後身
片的指定位置縫上即可。

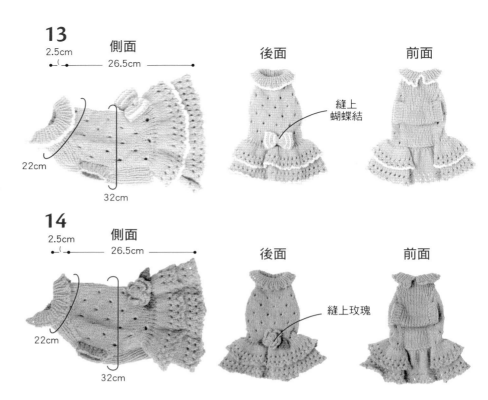

13
側面 2.5cm 26.5cm 22cm 32cm
後面 縫上蝴蝶結
前面

14
側面 2.5cm 26.5cm 22cm 32cm
後面 縫上玫瑰
前面

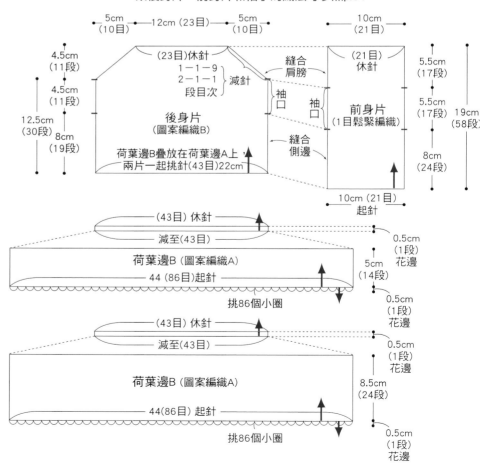

※後身片、前身片和袖子的織法可參照 p.61。

- 5cm（10目）
- 12cm（23目）
- 5cm（10目）
- 10cm（21目）

4.5cm（11段）
（23目）休針
1－1－9
2－1－1
段目次 減針
4.5cm（11段）
縫合肩膀
袖口
（21目）休針
5.5cm（17段）
5.5cm（17段）

12.5cm（30段）
8cm（19段）
後身片（圖案編織B）
前身片（1目鬆緊編織）
袖口
縫合側邊
19cm（58段）
8cm（24段）

荷葉邊B疊放在荷葉邊A上
兩片一起挑針（43目）22cm
10cm（21目）起針

（43目）休針
減至（43目）
荷葉邊B（圖案編織A）
44（86目）起針
挑86個小圈
0.5cm（1段）花邊
5cm（14段）
0.5cm（1段）花邊

（43目）休針
減至（43目）
荷葉邊B（圖案編織A）
44（86目）起針
挑86個小圈
0.5cm（1段）花邊
8.5cm（24段）
0.5cm（1段）花邊

13•14 織法、拼接法與順序

織法 1.~5.

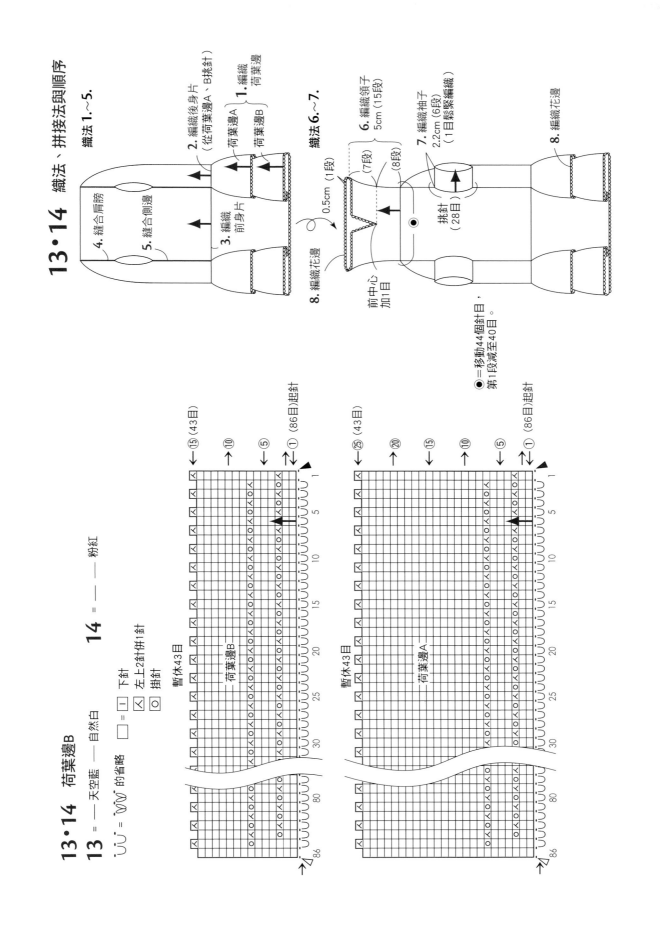

2. 編織後身片
（從荷葉邊A、B挑針）

1. 編織荷葉邊

荷葉邊A
荷葉邊B

4. 縫合肩膀

5. 縫合側邊

3. 編織前身片

肩膀

織法 6.~7.

6. 編織領子
5cm（15段）

7. 編織袖子
2.2cm（6段）
（1目鬆緊編織）

挑針
（28目）

0.5cm（1段）

（7段）

（8段）

8. 編織花邊

前中心加1目

8. 編織花邊

●＝移動44個針目，
第1段減至40目。

13•14 荷葉邊B

13 = ─ ─ 天空藍　　─ 自然白　　**14** = ─ ─ ─ 粉紅

○○ = ○○ 的省略　　□ = □ 下針　　⊠ = 左上2針併1針　　○ = 掛針

荷葉邊B

暫休43目

⑮（43目）
⑩
⑤
①（86目）起針

荷葉邊A

暫休43目

㉕（43目）
⑳
⑮
⑩
⑤
①（86目）起針

13 14

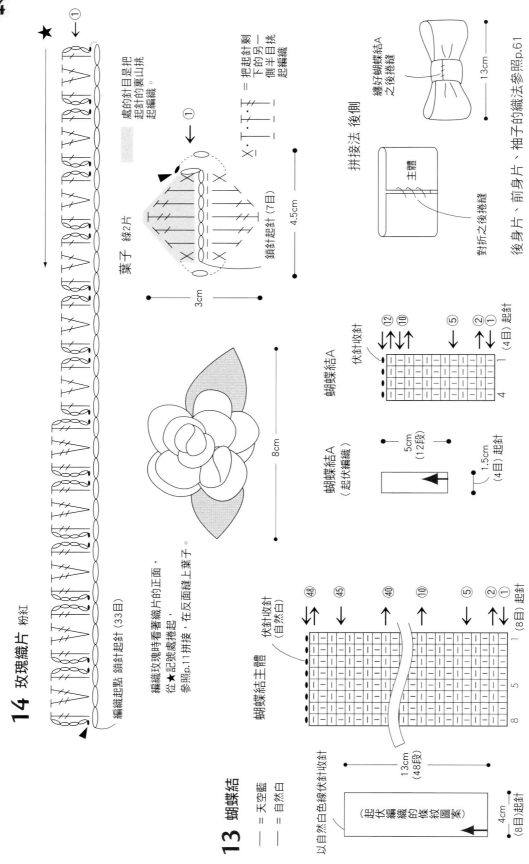

14 玫瑰織片 粉紅

編織起點 鎖針起針 (33目)

★記號處捲起。

編織玫瑰時看著織片的正面，
從★記號處捲起。
參照p.11拼接，在反面縫上葉子。

葉子 綠2片

3cm

處的針目是把起針的裏山挑起編織。

鎖針起針 (7目)

4.5cm

✕ · T · T̄ · T̄ · T̄ = 把起針剩下的另一側半目挑起編織

拼接法 後側

主體

對折之後捲縫

後身片、前身片、袖子的織法參照p.61

纏好蝴蝶結A之後捲縫

13cm

8cm

蝴蝶結A
伏針收針

⑫ ⑩

⑤

② ①

(4目) 起針

蝴蝶結A
(起伏編織)

5cm
(12段)

1.5cm
(4目) 起針

13 蝴蝶結

— = 天空藍
— = 自然白

蝴蝶結主體
伏針收針
(自然白)

㊽

㊺

㊵

⑩

⑤

② ①
起針

(8目) 起針

13cm
(48段)

以自然白色線伏針收針

(起伏編織的條紋圖案)

4cm
(8目) 起針

60

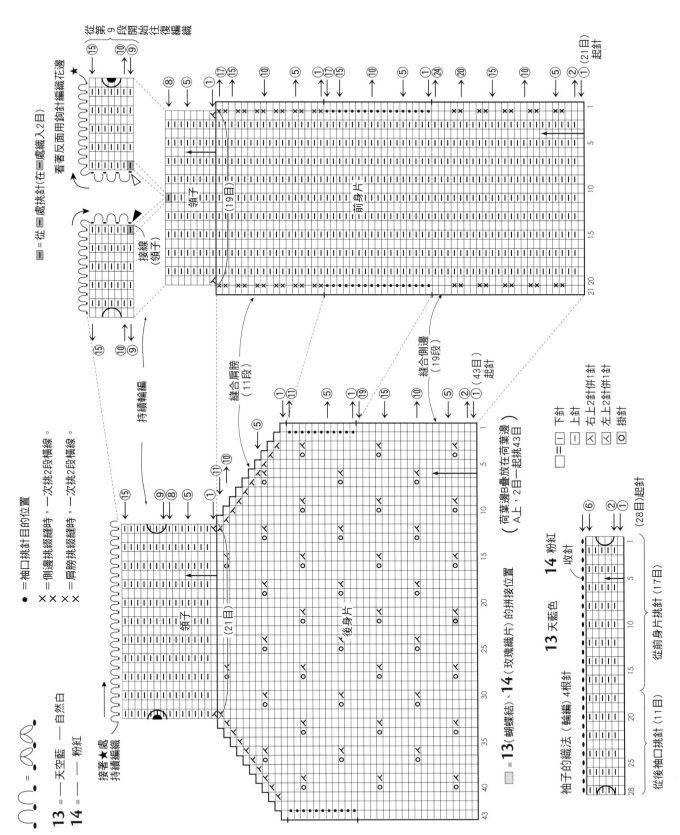

後身片、前身片、袖子的織法

∩∩ ＝ ∧∩∧

13 = ─ 天空藍 ─自然白
14 = ─── 粉紅

● =袖口挑針目的位置
X =側邊挑綴縫時，一次挑2段橫線。
X =肩膀挑綴縫時，一次挑2段橫線。

□=□ 下針
─ 上針
Ⅹ 右上2針併1針
Ⅹ 左上2針併1針
◯ 掛針

□ = 從 ─ 處挑針(在 ─ 處織入2目)

■ =13(蝴蝶結)、14(玫瑰織片)的拼接位置

接著★處
持續編織

持續輪編

縫合肩膀
(11段)

縫合側邊
(19段)

(荷葉邊B疊放在荷葉邊A上，2目一起挑43目)

13 天藍色 　**14** 粉紅
4根針 　　　　收針

袖子的織法(輪編)

從前身片挑針(17目)

從後袖口挑針(11目)

15

樹葉圖案蕾絲背心

照片 >> p.28

- 🞥 線材：Richmore、Bacara Pur／粉紅米（140）…70g.
- 🞥 針：6 號棒針（2 根）、鉤針 6/0 號
- 🞥 織片密度（10cm 平方）：圖案編織…19.5 目 30 段
- 🞥 狗狗模特兒尺寸(吉娃娃與貴賓狗混種)：CHOCOA：頸圍 18cm、胸圍 28cm、身長 22cm

🞥 織法

1. 編織後身片

用手指掛線起針法起針 53 目，織上針 1 段，接著織圖案編織至第 64 段為止。肩膀 2 針併 1 針減針，織 16 段。編織結束後收針。

2. 編織前身片

用手指掛線起針法起針 25 目，織上針 1 段，接著織縫合圖案編織 56 段。編織結束後收針。

3. 縫合肩膀

前身片、後身片用挑綴縫（參照 p.6）縫合。

4. 縫合側邊

從前身片、後身片的袖口開始用挑綴縫縫合。

5. 編織領子

在後身片接線，用鉤針編織環形的 4 段。

6. 編織繩帶和花瓣

編織鎖針 150 目的繩帶。花朵先以 22 目鎖針起針，再編織花瓣。從★記號處向內側捲起，調整成花的形狀，再縫合底部（參照 p.11）。

7. 完成

在領子的第 2 段穿入繩帶，花朵縫在繩帶頂端即可。

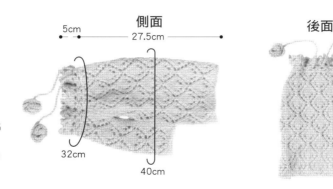

側面　後面　前面

5cm　27.5cm

32cm

40cm

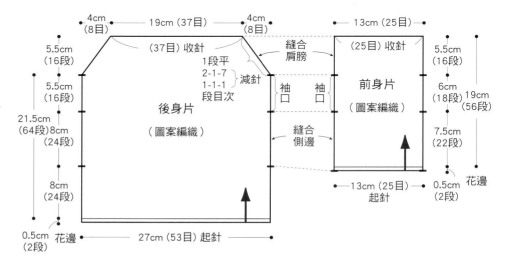

後身片（圖案編織）

4cm（8目）　19cm（37目）　4cm（8目）

（37目）收針

縫合肩膀

1段平
2-1-7
1-1-1　減針
段目次

5.5cm（16段）

5.5cm（16段）

21.5cm（64段）8cm（24段）

8cm（24段）

0.5cm（2段）花邊

27cm（53目）起針

袖口　袖口

縫合側邊

13cm（25目）

（25目）收針

前身片（圖案編織）

5.5cm（16段）

6cm（18段）　19cm（56段）

7.5cm（22段）

13cm（25目）起針　0.5cm（2段）花邊

織法、拼接法與順序

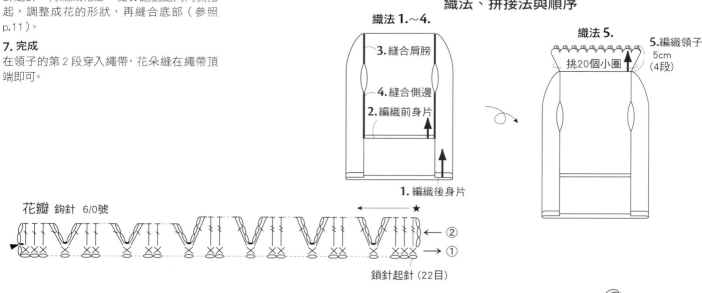

織法 1.～4.

3. 縫合肩膀
4. 縫合側邊
2. 編織前身片
1. 編織後身片

織法 5.

挑20個小圈

5. 編織領子
5cm（4段）

花瓣 鉤針 6/0號

← ②
→ ①

★

鎖針起針（22目）

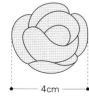

看著花瓣的正面，從★記號處向內側捲起，縫合底部（參照p.11）。

4cm

繩帶 鉤針 6/0號

鎖針起針60cm（150目）

在領子的第 2 段穿入繩帶，縫好花朵即可。

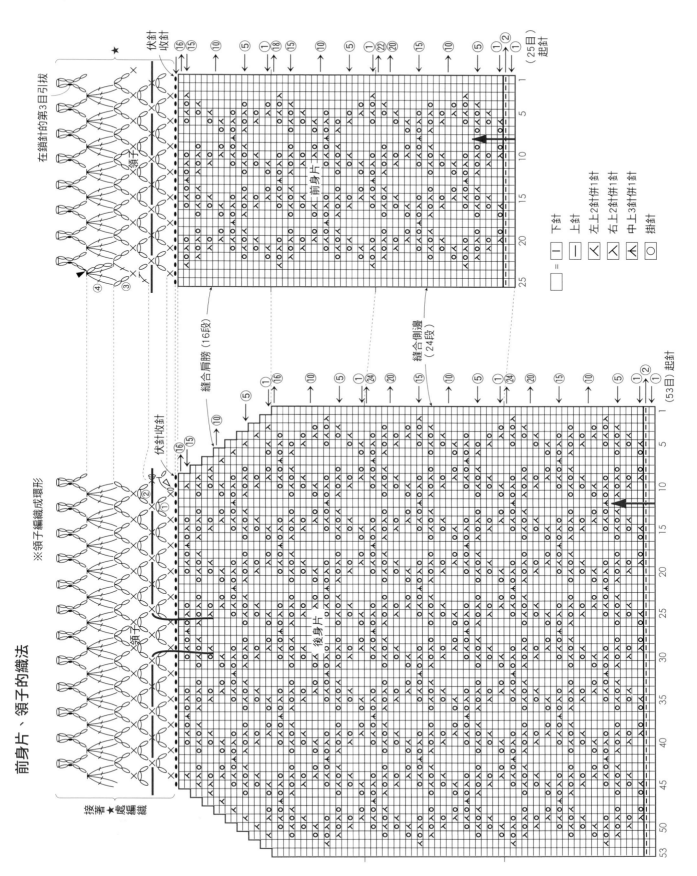

前身片、領子的織法

※領子編織成環形

接著★處編織

在鎖針的第3目引拔

領子

領子

前身片

後身片

縫合肩膀（16段）

縫合側邊（24段）

□ = │ 下針
─ 上針
╱ 左上2針併1針
╲ 右上2針併1針
人 中上3針併1針
○ 掛針

伏針收針

（25目）起針

（53目）起針

16

小花圖案背心

照片 >> p.29

❀ 線材：Puppy、Queen Anny／
未染的原色（869）…30g、天藍（106）…
20g、粉紅（109）…5g、深綠（853）和淡
黃（892）…各2g.

❀ 針：6號棒針（2根、4根）

❀ 織片密度（10cm平方）：平面編織、織
入圖案…19目26段

❀ 狗狗模特兒尺寸（約克夏梗犬）：
RILA：頸圍18cm、胸圍28cm、身長22cm

❀ 織法

1. 編織後身片
用手指掛線起針法起針43目，織1目鬆緊
編織至第6段為止，然後以織入圖案編織
28段，以平面編織編織10段。肩膀2針
併1針減針，織10段，編織結束的針目先
休針。

2. 編織前身片
用手指掛線起針法起針21目，織1目鬆緊
編織至第6段為止，然後以平面編織編織
25段，織入圖案編織13段，平面編織編織
3段。編織結束的針目先休針。

3. 縫合肩膀
前身片、後身片用挑綴縫（參照p.6）縫合。

4. 縫合側邊
從前身片、後身片的袖口開始用挑綴縫縫合。

5. 編織領子
將在前身片、後身片暫時休針的針目移至4
根棒針上，並在前身片的邊端針目處接線。
第1段在肩膀接合留份處，2針併1針，減
針至42目，再用輪編1目鬆緊編織5段。
編織結束後收針。

6. 編織袖子
從袖口挑針26目，織1目鬆緊編織至第4
段為止。編織結束後收針。

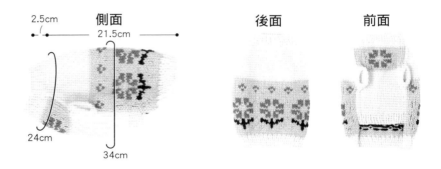

2.5cm　側面　21.5cm　　後面　前面
24cm　34cm

織法、拼接法與順序

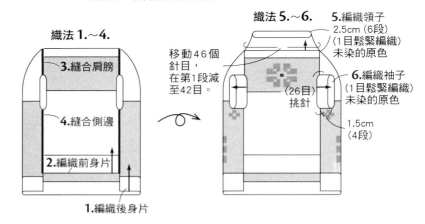

織法1.～4.

3.縫合肩膀
4.縫合側邊
2.編織前身片
1.編織後身片

織法5.～6.

5.編織領子
2.5cm（6段）
（1目鬆緊編織）
未染的原色

移動46個
針目，
在第1段減
至42目。

（26目）
挑針

6.編織袖子
（1目鬆緊編織）
未染的原色

1.5cm
（4段）

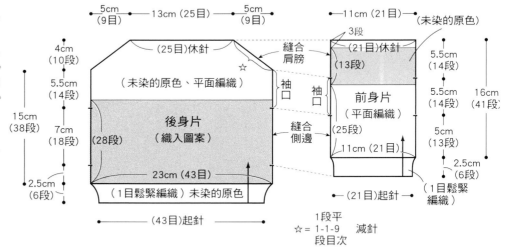

5cm（9目）　13cm（25目）　5cm（9目）　　11cm（21目）　（未染的原色）

4cm（10段）　（25目）休針　3段　（21目）休針　（13段）　5.5cm（14段）

5.5cm（14段）　（未染的原色、平面編織）　縫合肩膀　袖口　袖口　5.5cm（14段）　16cm（41段）

15cm（38段）　後身片（織入圖案）　前身片（平面編織）（25段）

7cm（18段）　（28段）　縫合側邊

23cm（43目）　11cm（21目）　5cm（13段）

2.5cm（6段）　（1目鬆緊編織）未染的原色　2.5cm（6段）

（43目）起針　（21目）起針　（1目鬆緊編織）

1段平
☆ = 1-1-9　減針
段目次

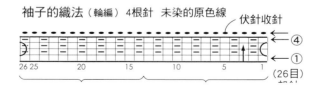

袖子的織法（輪編）4根針　未染的原色線

伏針收針

④
①
26 25　20　15　10　5　1　（26目）

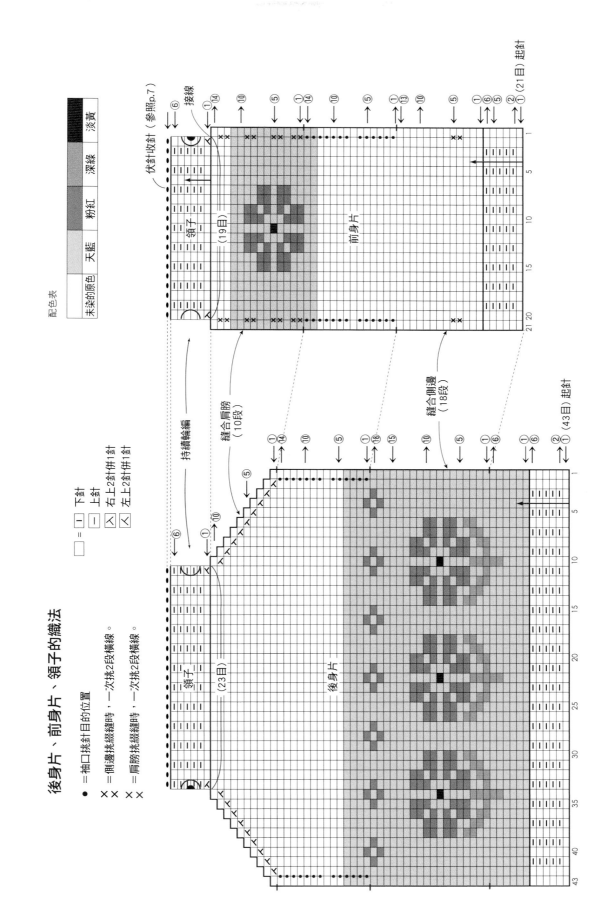

後身片、前身片、領子的織法

配色表

未染的原色	天藍	粉紅	深綠	淡黃

□ = Ι = 下針
― = 上針
入 = 右上2針併1針
人 = 左上2針併1針

● =袖口挑針目的位置
× =側邊挑綴縫時，一次挑2段橫線。
×× =肩膀挑綴縫時，一次挑2段橫線。

17 18

阿蘭圖案連帽毛衣

照片 >> p.30

- ❖ 線材：Richmore、Spectre Modem（Fine）
- **17** 黃綠（309）…100g.
- **18** 未染的原色（301）…100g.
- ❖ 針：6 號棒針（2 根、4 根）、7 號棒針（2 根）
- ❖ 織片密度（10cm 平方）：圖案編織 A…28 目 27.5 段、圖案編織 B…21 目 27.5 段、1 目 鬆緊編織…27.5 目 26 段
- ❖ 狗狗模特兒尺寸（玩具貴賓狗）：
- **17** KOKO：頸圍 20cm、胸圍 33cm、身長 37cm
- **18** LUANA：頸圍 23cm、胸圍 40cm、身長 38cm

❖ 織法

1. 編織後身片
用手指掛線起針法起針 63 目，織 1 目鬆緊編織至第 8 段為止，加至 64 目，中間 28 目織入圖案編織 A，左右 18 目用圖案編織 B 編織 52 段至肩膀。肩膀 2 針併 1 針減針，織 16 段。編織結束的針目先休針。

2. 編織前身片
用手指掛線起針法起針 25 目，織 1 目鬆緊編織至第 62 段為止。編織結束後收針。

3. 縫合肩膀
前身片、後身片用挑綴縫（參照 p.6）縫合。

4. 縫合側邊
從前身片、後身片的袖口開始用挑綴縫縫合。

5. 編織帽子
將前身片收針的針目中左右各挑 9 目，然後把後身片暫時休針的 40 目移至棒針上，第 1 段用加減針織入 55 目，接著用圖案編織 B 編織 51 段。結尾處的 27 目正面相對合攏，2 目一起引拔針縫合。

6. 編織袖子
從袖口挑針 36 目，織 1 目鬆緊編織至第 14 段為止。編織結束後收針。

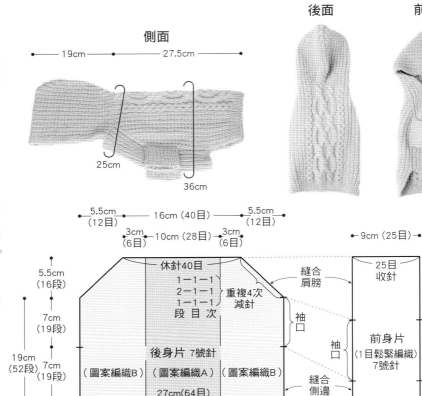

側面

後面　前面

織法、拼接法與順序

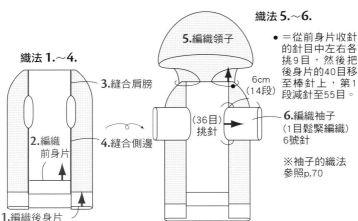

織法 1.～4.

1.編織後身片
2.編織前身片
3.縫合肩膀
4.縫合側邊

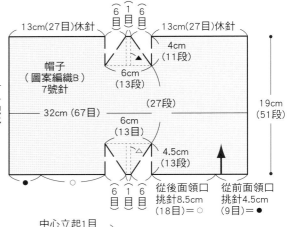

織法 5.～6.

5.編織領子
6.編織袖子（1 目鬆緊編織）6 號針
（36 目）挑針

● ＝從前身片收針的針目中左右各挑 9 目，然後把後身片的 40 目移至棒針上，第 1 段減針至 55 目。

※袖子的織法參照 p.70

中心立起 1 目
△ ＝ 兩側進行 2-1-5 3-1-1 } 加針
▲ ＝ 2-1-5 1-1-1 } 用中上 3 針併 1 針減針

66

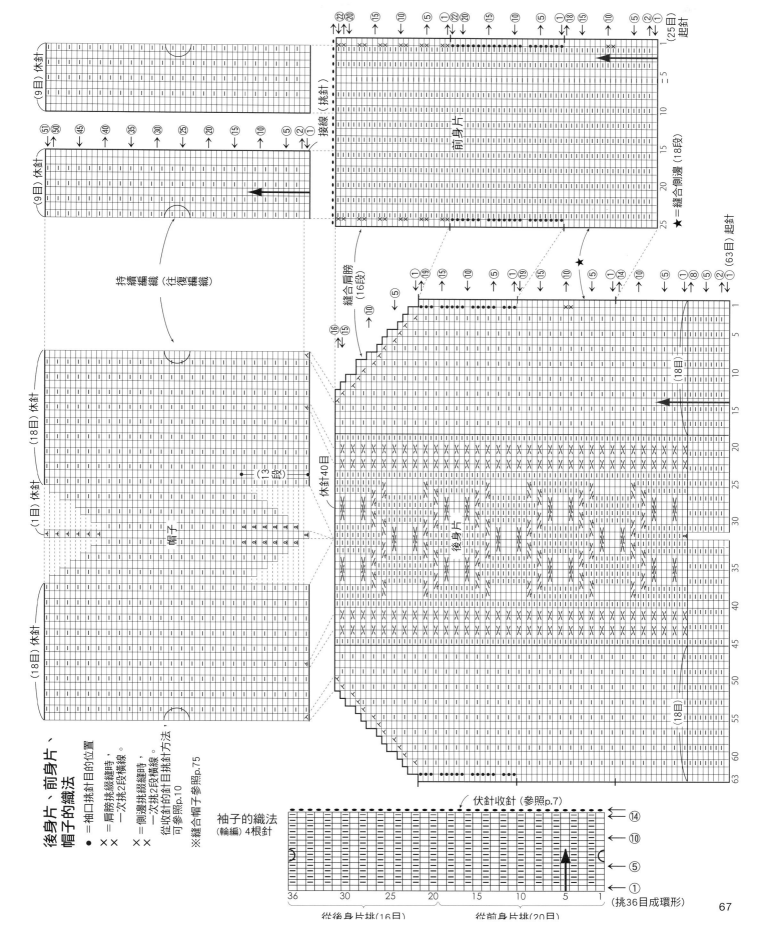

後身片、前身片、帽子的織法

○ = 袖口挑針目的位置
✕ = 肩膀挑線縫縫時，
一次挑2段橫線。
✕ = 側邊挑線縫縫時，
一次挑2段橫線。
一次收針的針目挑針方法，
可參照p.10

※縫合帽子參照p.75

袖子的織法
(輪編)4根針

伏針收針 (參照p.7)

從後身片挑(16目)   從前身片挑(20目)

(挑36目成環形)

19

愛心圖案可愛毛衣

照片 >> p.32

❋ 線材：Richmore、Percent／
紅（75）…60g.、未染的原色（1）…15g.、
粉紅（67）…25g.
❋ 針：6號棒針（2根）、鉤針 5/0 號
❋ 織片密度（10cm 平方）：平面編織…22
目 29.5 段、圖案編織…23 目 29.5 段
❋ 狗狗模特兒尺寸（比熊犬）：
VIVIAN：頸圍 27cm、胸圍 42cm、身長 36cm

❋ 織法
1. 編織後身片
用手指掛線起針法起針 72 目，中間 22 目織
平面編織，左右 25 目織圖樣編織至第 80 段
為止。肩膀 2 針併 1 針減針，織 16 段。編
織結束後收針。從起針段挑71 目，編織 5
段花邊。於指定的位置做平面編刺繡（參照
p.8）。

2. 編織前身片
用手指掛線起針法起針 30 目，織圖案編織
至第 84 段為止。編織結束後收針。從起針
處挑針，編織 5 段花邊。

3. 縫合肩膀部分
前身片、後身片用挑綴縫（參照 p.6）縫合。

4. 縫合側邊
從前身片、後身片的袖口開始用挑綴縫縫合。

5. 編織領子
將前身片、後身片的領口處挑針 65 目，織圖
樣編織至第 7 段為止。

6. 編織袖子
從袖口挑針 45 目，織圖樣編織至第 3 段為止。

前身片、花邊、領子的織法　※製圖、拼接法參照p.70

• ＝袖口挑針目的位置
✗ ＝綴縫時，一次挑2段橫線。
✗✗✗＝側邊挑綴縫時，一次挑3段橫線。
〔 〕＝線不用剪掉，編織上2段時使用。

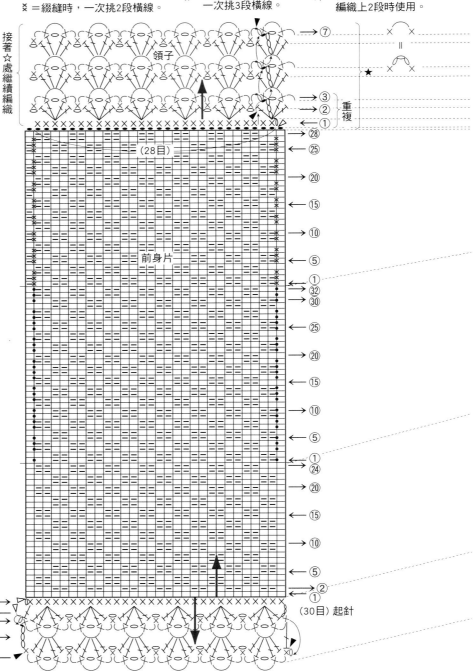

〔 〕＝線不用剪掉，編織上2段時使用。

編織袖子 鉤針5/0號

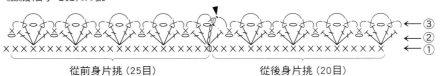

從前身片挑（25目）　　從後身片挑（20目）

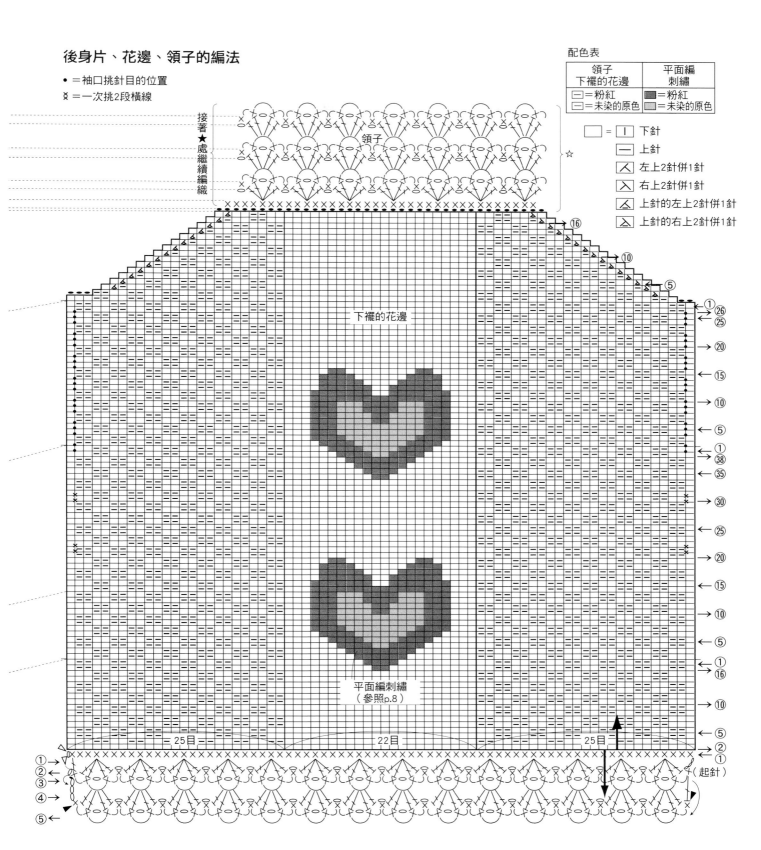

後身片、花邊、領子的編法

• ＝袖口挑針目的位置

✕ ＝一次挑2段橫線

領子

接著★處繼續編織

下襬的花邊

平面編刺繡
（參照p.8）

25目　22目　25目

起針

側面

37.5cm

約3cm

31cm

45cm

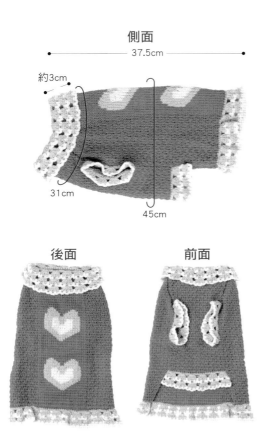

後面　　　　前面

織法、拼接法與順序

織法 1.～4.

3.縫合肩膀

4.縫合側邊

2.編織前身片

1.編織後身片

5.編織領子　織法 5.～6.

（圖案編織）

6cm
（6段）

挑64目
（13個圖案）

6.編織袖子

（45目）
挑9個圖案

2.7cm（3段）
（圖案編織）

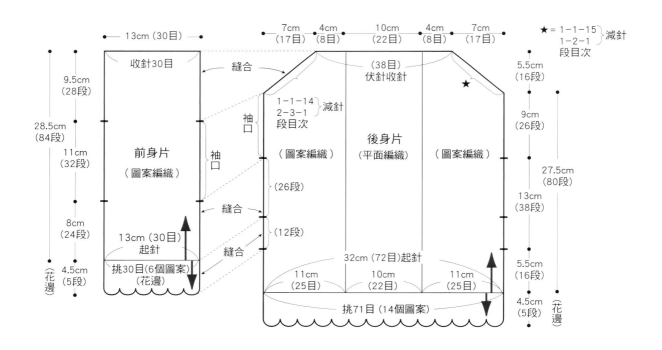

13cm（30目）

收針30目

縫合

7cm
（17目）

4cm
（8目）

10cm
（22目）

4cm
（8目）

7cm
（17目）

★ ＝ 1-1-15
　　1-2-1　減針
　　　段目次

9.5cm
（28段）

5.5cm
（16段）

28.5cm
（84段）

11cm
（32段）

8cm
（24段）

4.5cm
（5段）

（花邊）

前身片
（圖案編織）

袖
口

袖
口

縫合

縫合

13cm（30目）
起針

挑30目（6個圖案）
（花邊）

（38目）
伏針收針

1-1-14
2-3-1　減針
　段目次

（圖案編織）

後身片
（平面編織）

（圖案編織）

★

（26段）

（12段）

32cm（72目）起針

11cm
（25目）

10cm
（22目）

11cm
（25目）

挑71目（14個圖案）

9cm
（26段）

5.5cm
（16段）

27.5cm
（80段）

13cm
（38段）

5.5cm
（16段）

4.5cm
（5段）

（花邊）

20

星星圖案背心

照片 >> p.33

基本技巧 >> p.11

❈ 線材：Richmore、Percent ╱
薄荷綠（35）…65g、黃（4）…13g。

❈ 針：6 號棒針（2 根、4 根）、鉤針 5/0 號

❈ 織片密度（10cm 平方）：平面編織…22
目 30 段、圖案編織…22.5 目 35 段

❈ 狗狗模特兒尺寸（波士頓梗犬）：
RIN：頸圍 30cm、胸圍 46cm、身長 29cm

❈ 織法

1. 編織後身片
用手指掛線起針法起針 76 目，織圖案編織
至第 16 段為止。用織入圖案（反面渡線的
方法可參照 p.9）編織直條紋。然後以平面
編織編織星星（參照 p.11），編織 64 段至
肩膀。肩膀 2 針併 1 針減針，織 18 段。編
織結束的針目先休針。

2. 編織前身片
用手指掛線起針法起針 32 目，織圖案編織
16 段，按照後身片的方式編織。然後織平
面編織 80 段。編織結束的針目先休針。

3. 縫合肩膀
前身片、後身片用挑綴縫（參照 p.6）縫合。

4. 縫合側邊
從前身片、後身片的袖口開始用挑綴縫縫
合。

5. 編織領子
將在前身片、後身片暫時休針的針目移至 4
根棒針上，並在前身片的邊端針目處接線。
第 1 段在肩膀接合留份處，2 針併 1 針，織
入 68 上針，再用輪編織圖案編織 13 段。
編織結尾處用上針收針。

6. 編織袖子
從袖口挑針，用輪編織起伏編織，編織結
尾處用上針收針。

7. 完成
編織起點和結尾處留大約 10cm 的線頭，用
鉤針編織 8 個玉針的小球。把小球橫向拼
接到後身片，線頭從反面穿過後打結即可。

側面

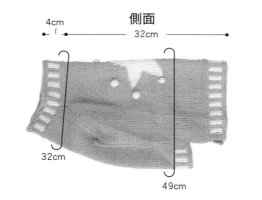

後面

前面

前身片、領子的織法

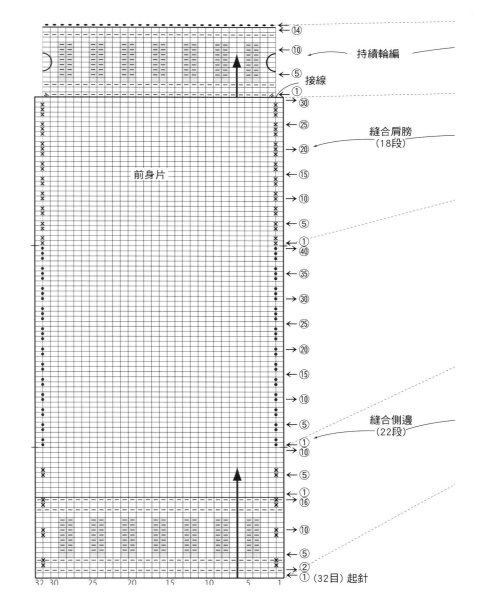

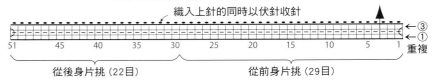

袖子的織法（輪編） 4根針 薄荷綠

織入上針的同時以伏針收針

←③
←①
重複

51　　45　40　　35　　30　　25　20　　15　10　5　1

從後身片挑（22目）　　　從前身片挑（29目）

後身片、領子的織法

□＝薄荷綠（淺綠）
▨＝黃

□＝Ⅰ 下針
－ 上針
☒ 右上2針併1針
☒ 左上2針併1針
☑ 下針的扭針加針
☒ 上針的右上2針併1針
☒ 上針的左上2針併1針

織入上針的同時以伏針收針（參照p.7）

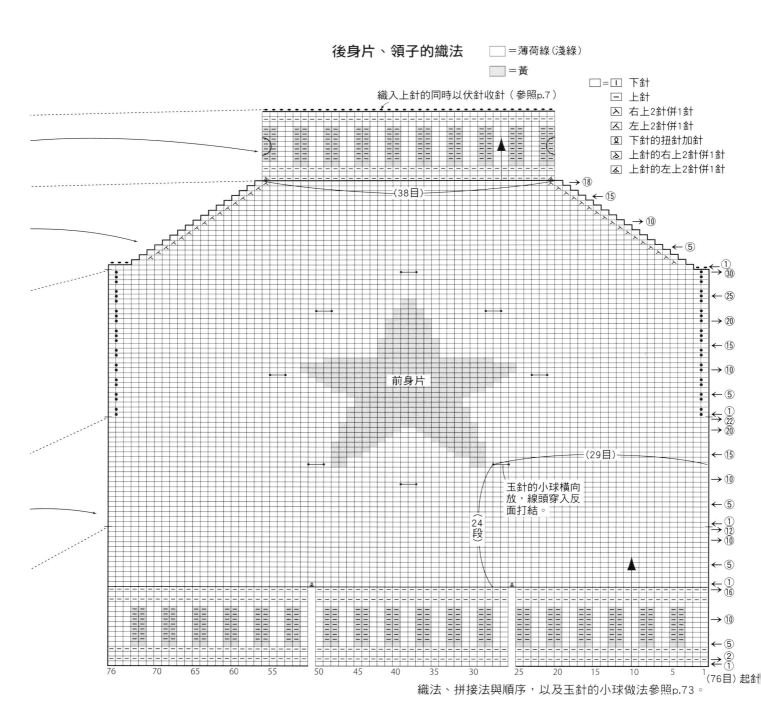

前身片

（38目）
←⑱
←⑮
→⑩
←⑤
←①
→㉚
←㉕
→⑳
←⑮
→⑩
←⑤
→①
→㉒
→⑳
←⑮
→⑩
←⑤
→①
→⑫
→⑩
←⑤
→①
→⑯
→⑩
←⑤
→②
→①

（29目）

玉針的小球橫向
放，線頭穿入反
面打結。

24段

76　　70　　65　　60　　55　　50　　45　　40　　35　　30　　25　　20　　15　　10　　5　　1

(76目)起針

織法、拼接法與順序，以及玉針的小球做法參照p.73。

72

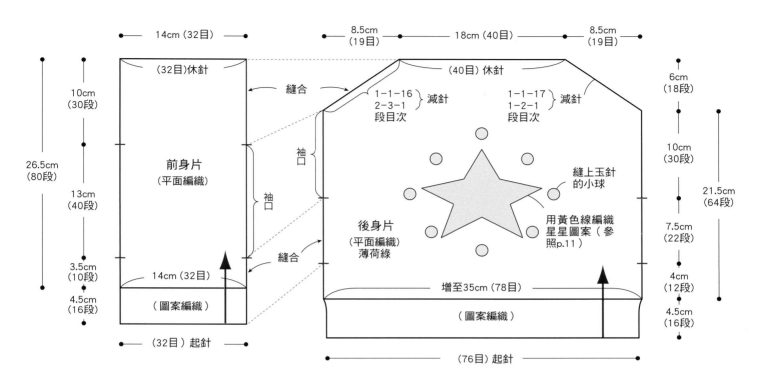

14cm（32目）

10cm
（30段）

26.5cm
（80段）

13cm
（40段）

3.5cm
（10段）

4.5cm
（16段）

（32目）休針

前身片
（平面編織）

縫合

14cm（32目）

（圖案編織）

（32目）起針

8.5cm
（19目）

18cm（40目）

8.5cm
（19目）

（40目）休針

縫合

袖口

1-1-16
2-3-1
段目次 }減針

1-1-17
1-2-1
段目次 }減針

袖口

後身片
（平面編織）
薄荷綠

縫上玉針
的小球

用黃色線編織
星星圖案（參
照p.11）

增至35cm（78目）

（圖案編織）

（76目）起針

6cm
（18段）

10cm
（30段）

21.5cm
（64段）

7.5cm
（22段）

4cm
（12段）

4.5cm
（16段）

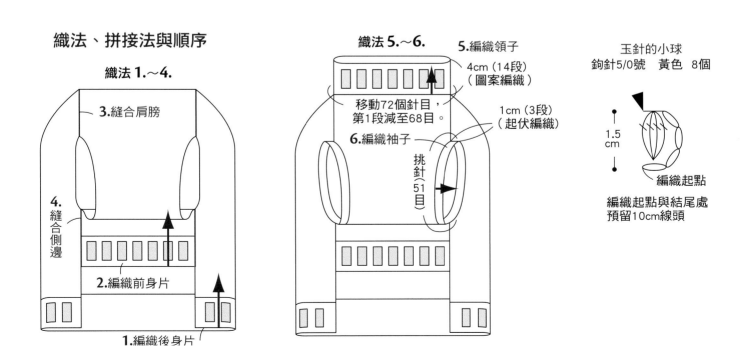

織法、拼接法與順序

織法 1.～4.

3.縫合肩膀

4.縫合側邊

2.編織前身片

1.編織後身片

織法 5.～6.

5.編織領子

4cm（14段）
（圖案編織）

移動72個針目，
第1段減至68目。

1cm（3段）
（起伏編織）

6.編織袖子

挑針
（51目）

玉針的小球
鉤針5/0號　黃色　8個

1.5
cm

編織起點

編織起點與結尾處
預留10cm線頭

21 22 23
連耳動物造型毛衣

照片 >> p.34

基本技巧 >> p.76、p.79

❖ **線材**：Richmore、Spectre Modem
21 駝（12）…65g、奶油（4）…60g.
22 粉紅（7）…70g、未染的原色（1）…60g.
23 黃綠（13）…65g、藍綠（14）…60g. 未染的原色（1）…4g、焦茶棕（42）…3g.
❖ **針**：8 號棒針（2 根）、鉤針 6/0 號
❖ **織片密度（10cm 平方）**：平面編織、圖案編織…19 目 27 段、花邊…17 目 22 段
❖ **狗狗模特兒尺寸（博美狗）**：
21 噗太：頸圍 26cm、胸圍 34cm、身長 36cm
22 柚嬉：頸圍 18cm、胸圍 28cm、身長 23cm
17 卵依：頸圍 21cm、胸圍 31cm、身長 21cm

❖ **織法**
1. 編織後身片
用手指掛線起針法起針 48 目，織圖案編織至第 38 段為止。肩膀 2 針併 1 針減針，織 10 段，編織結束後收針。從起針處挑 42 目，織 9 段花邊。

2. 編織前身片
用手指掛線起針法起針 23 目，織平面編織至第 43 段為止，編織結束後收針。從起針處挑 20 目，織 9 段花邊。

3. 縫合肩膀
前身片、後身片用挑綴縫（參照 p.6）縫合。

4. 縫合側邊
從前身片、後身片的袖口開始用挑綴縫縫合。

5. 編織帽子
將前身片、後身片的結尾處挑針 40 目，織平面編織至第 50 段為止。結尾處的針目平均分掛在 2 根棒針上，正面相對合攏，編織引拔針縫合（參照 p.79）。帽口邊緣織好花邊。

6. 編織袖子
從袖口挑針，織往復編織 7 段。

7. 完成
21. 22: 編織 2 片耳朵，縫在帽子上。
23: 各編織 2 片耳朵、眼睛 A、B，參照圖縫在帽子上。

※帽子、袖子、耳朵、眼睛的織法參照 p.76。

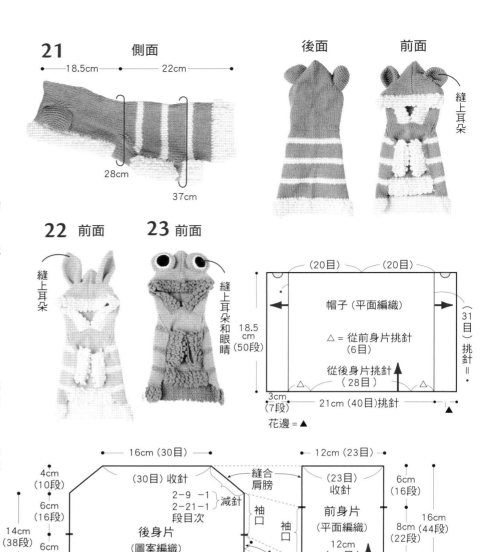

21 側面 / 後面 / 前面
18.5cm / 22cm / 28cm / 37cm / 縫上耳朵

22 前面 / 縫上耳朵
23 前面 / 縫上耳朵和眼睛

帽子（平面編織）
（20目）（20目）
18.5cm（50段）
△ = 從前身片挑針（6目）
從後身片挑針（28目）
31目挑針 =
3cm（7段）
21cm（40目）挑針
花邊 = ▲

16cm（30目）
4cm（10段）
（30目）收針
縫合肩膀
2-9-1
2-21-1
段目次 減針
6cm（16段）
14cm（38段）
6cm（16段）
後身片（圖案編織）
袖口
2cm（6段）
25cm（48目）挑針
4cm（9段）
挑42目（花邊）
• = 7段

12cm（23目）
（23目）收針
6cm（16段）
前身片（平面編織）
12cm（23目）起針
16cm（44段）
8cm（44段）
2cm（6段）
4cm（9段）
挑20目（花邊）
☆ = 縫合

織法、拼接法與順序

織法 1.~4.
3.縫合肩膀
4.縫合側邊
2.編織前身片
1.編織後身片

織法 5.~9.
縫合帽子的結尾處
縫上耳朵
18.5cm（50段）
（62目）挑針
帽子的邊緣
3cm（7段）
5編織帽子
留下（9目）（40目）挑針（24目）挑針
6.編織袖子 3cm（7段）

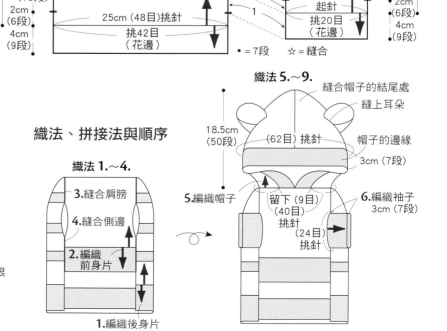

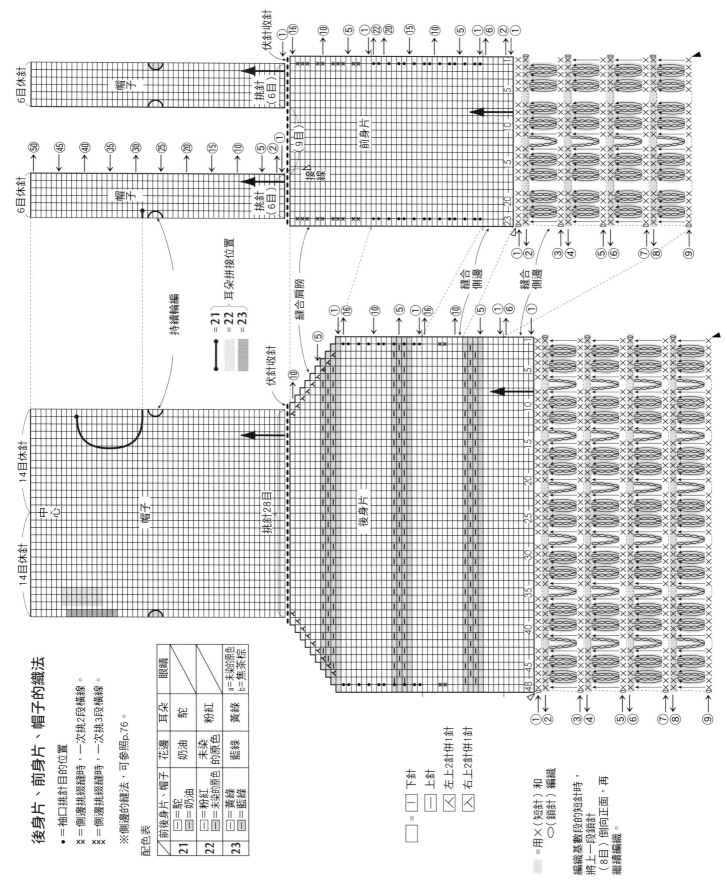

後身片、前身片、帽子的織法

● =袖口挑針目的位置

x =側邊挑針綴縫時，一次挑2段橫線。

xxx =側邊挑針綴縫時，一次挑3段橫線。

※側邊的縫法，可參照p.76。

配色表

	前後身片、帽子	花邊	耳朵	眼睛
21	□=駝	奶油	駝	
22	□=粉紅 □=未染的原色	未染的原色	粉紅	
23	□=黃綠 ■=藍綠	藍綠	黃綠	a=未染的原色 b=焦茶棕

□ = □ 下針

□ = 上針

☒ = 左上2針併1針

☒ = 右上2針併1針

= 用 ☒ (短針) 和
〇 (鎖針) 編織。

編織基數段數的短針時，
將上一段鎖針
(8目) 倒向正面，再
繼續編織。

= 21

= 22

= 23 耳朵拼接位置

持續輪編

6目休針

帽子

6目休針

帽子

伏針收針

挑針
(6目)

(9目)

接線

挑針
(6目)

前身片

縫合肩膀

縫合
側邊

縫合
側邊

伏針收針

14目休針

14目休針

中心

帽子

挑針28目

後身片

75

連耳動物造型毛衣

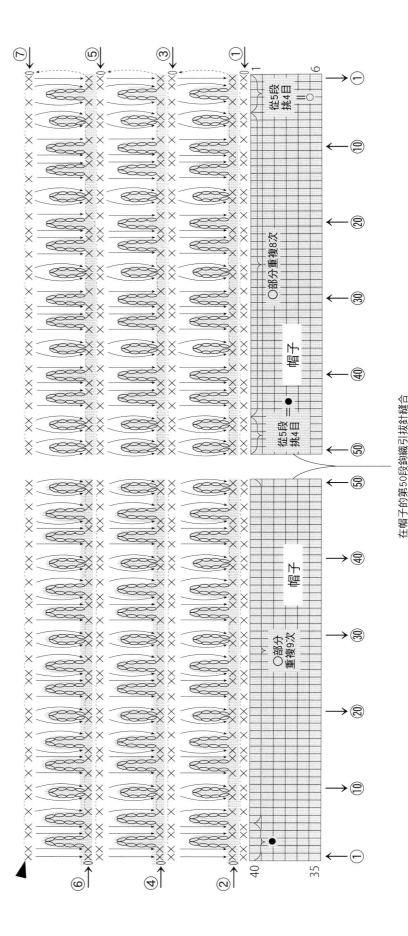

縫合平面編織和鉤織針目

＃作品 21～23 連耳動物造型毛衣 照片→ p.34

1 依上、下針挑針接縫的方法，先挑 1 目。

2 挑 1 目鉤針的針目

3 挑起步驟 1 下一段針目的橫線。

4 重複步驟 1～3 縫合（為易於瞭解，上圖中的針目較為稀疏）。

帽子、袖子、耳朵、眼睛的織法

21・22・23 帽子的花邊 從帽子的段之間挑針，編織花邊。

＝用×（短針）和○（鎖針）編織

＝用×（短針）和○（鎖針）編織

○部分重複9次

帽子

○部分重複8次

帽子

從5段挑4目 ＝ ●

從5段挑4目 ＝ ○

在帽子的第50段鉤織引拔針縫合

⑦ ⑥ ⑤ ④ ③ ②①

╳ =用╳(短針)和 ○(鎖針)編織

21•22•23 編織袖子

15　20　1　5　10　14

從後身片挑(10目)
從前身片挑(14目)

眼睛A
眼睛B
向內側
折入3段

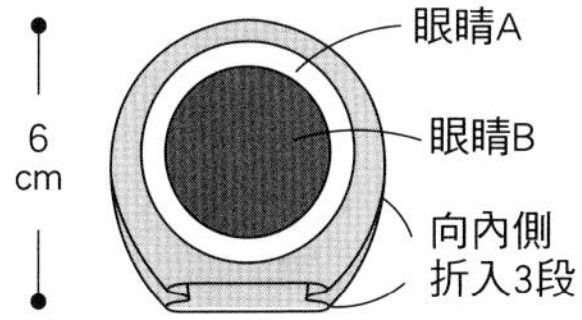

23 耳朵和眼睛
將眼睛A、眼睛B縫合。

6 cm

21 耳朵
14cm
6 cm

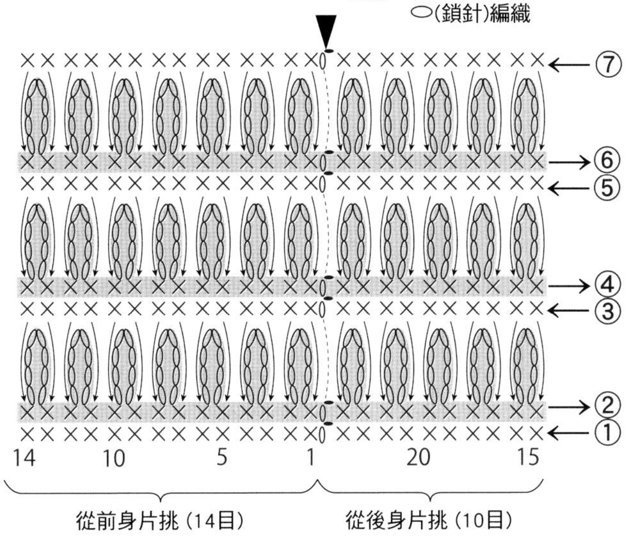

21•23
耳 2片(①~⑪)

23
眼睛A (①~④) } 各2片
眼睛B (①~③)

☆ =11~22段
無加減針編織

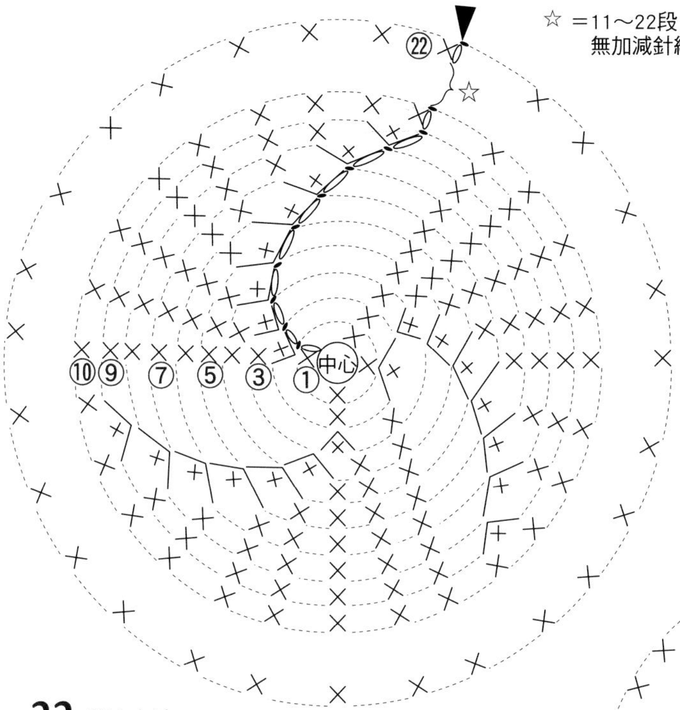

中心
① ③ ⑤ ⑦ ⑩⑨
⑪ ⑫ ☆

22 耳朵 粉紅 2片

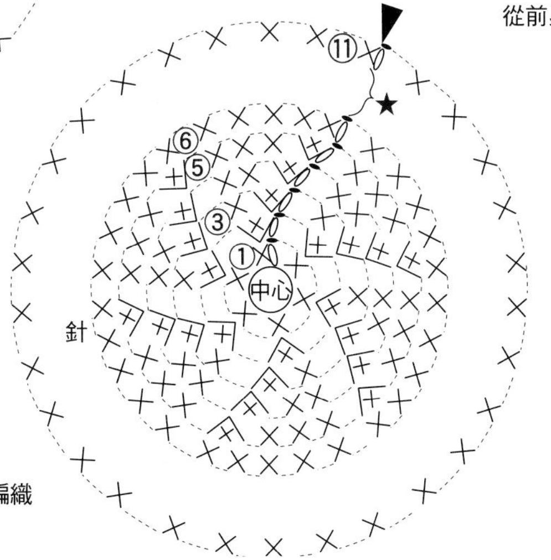

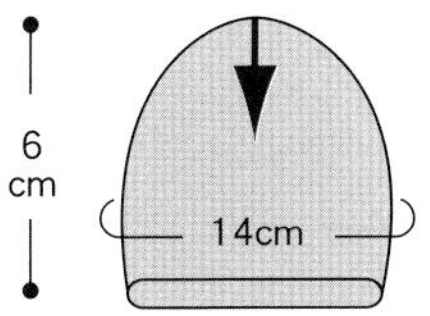

針

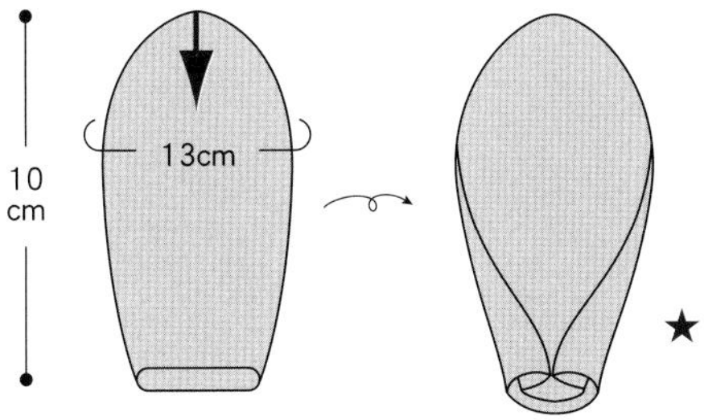

★ =7~10段
無加減針編織

中心
① ③ ⑤ ⑥
⑪

22 拼接方法
13cm
10 cm

24

條紋柔軟毛線墊

照片 >> p.36

❖ 線材：Hamanaka Bonny／
灰（486）…214g.、黃（432）…192g.、棕
（419）…23g.、未染的原色（442）…16g.
❖ 針：鉤針 7/0、8/0 號
❖ 織片密度（10cm平方）：圖案編織…
10.5目6段

❖ 織法
1. 編織主體
用黃色線編織 65 目鎖針起針，第 1 段挑起
鎖針的裏山，用黃色線編織 1 段長針。鉤
第 1 段編織結尾處的長針時，先鉤未完成
的長針（參照 p.88），用灰色線引拔，同時
編織線換成灰色線，黃色線剪斷。每 2 段
用黃色線和灰色線配色，編織 30 段。第
32 段用黃色線織入 1 段長針。線頭藏至織
片的反面，剪掉。

2. 編織骨頭和肉球，縫上。
參照記號圖編織 1 片骨頭、2 片肉球，一
邊調整擺放位置是否平衡，然後縫在毛線
墊（主體）上。

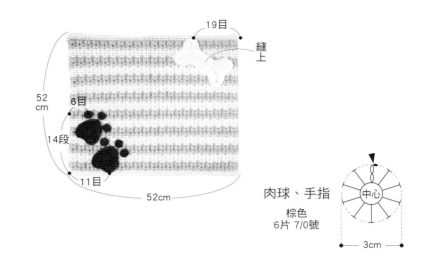

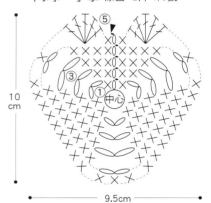

肉球、手指
棕色
6片 7/0號

— 3cm —

骨頭 未染的原色 8/0號

鎖針4目的小圈成束挑起編織

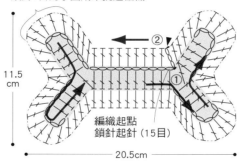

11.5 cm

編織起點
鎖針起針（15目）

— 20.5cm —

肉球、手掌 棕色 2片 7/0號

10 cm

9.5cm

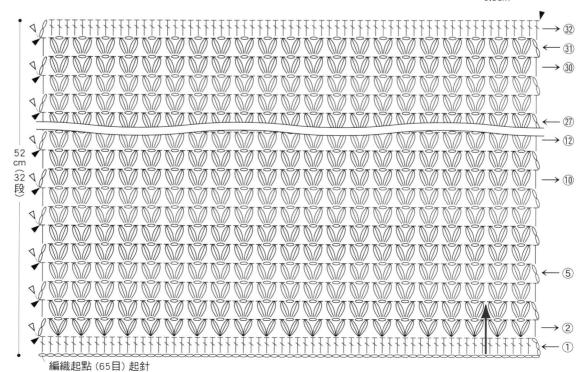

主體

— ＝黃色
— ＝灰色
8/0號

52 cm (32段)

編織起點（65目）起針

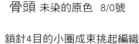

25 26
小巧時尚領圍

照片 >> p.37

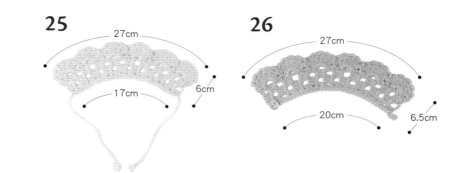

25 27cm / 17cm / 6cm

26 27cm / 20cm / 6.5cm

- ❋ 線材：Hamanaka Exceed Wool L 粗線
- **25** 粉紅（342）…13g.
- **26** 淡藍（346）…15g.
- ❋ 其他：**26** 鈕釦（直徑 1.5cm）…1 個
- ❋ 針：**25** 鉤針 5/0，**26** 鉤針 6/0 號
- ❋ 狗狗模特兒尺寸（吉娃娃）：
- **25** 小鈴：頸圍 18cm
- **26** TIROL：頸圍 18cm

❋ 織法
1. 編織主體
編織 7 目鎖針起針，第 1 段挑起鎖針的裏山，編織 18 段。

2. 編織外圍的花邊
從第 18 段開始編織 1 段花邊。鉤 2 長針的玉針時，挑起頂端的針目後繼續編織。第 2 段編織 1 目短針、3 目鎖針。

3. 編織領口的花邊
25： 編織 4 目鎖針起針，織入 3 中長針的玉針。接著編織 30 目鎖針起針，從主體的第 18 段開始，將每段頂端的 2 目短針分別挑起編織。編織結尾處以鎖針 31 目起針，繼續編織 3 目鎖針、3 中長針的玉針。

26： 在第 18 段接線，將每段頂端的 2 目短針分別挑起編織。從編織結尾處繼續編織 7 目鎖針，然後在短針的尾針處鉤引拔，製作釦眼。引拔位置可參照 p.89「3 鎖針的結粒針」。

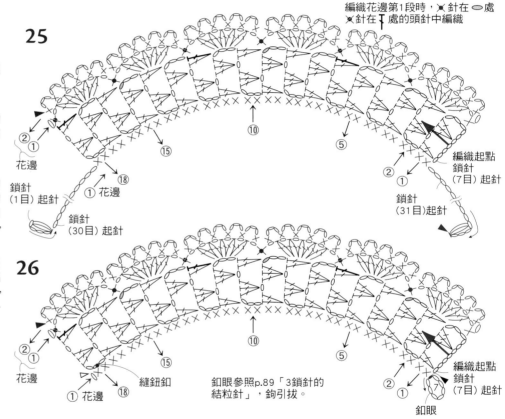

編織花邊第1段時，✕ 針在 ⌒ 處 ✕ 針在 ┃ 處的頭針中編織

25
② ①
花邊
鎖針（1目）起針
① 花邊
鎖針（30目）起針
⑮ ⑱
⑩
⑤
② ①
編織起點鎖針（7目）起針
鎖針（31目）起針
② ①

26
② ①
花邊
① 花邊 ⑱
縫鈕釦
⑮
釦眼參照p.89「3鎖針的結粒針」，鉤引拔。
⑩
⑤
② ①
編織起點鎖針（7目）起針
釦眼

帽子編織結尾處的針腳，以引拔訂縫縫合。

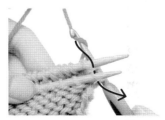
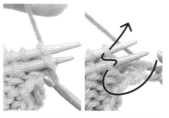

1 最後一段的針目，每半目用 2 根棒針挑起，正面相對，鉤針插入 2 根棒針頂端的針目中，掛線後引拔。

2 上圖左是引拔完成的情形。接著直接從頂端的針目中拉出鉤針，「將鉤針插入頂端的針目中，掛線後引拔」（上圖右）。

3 上圖左是引拔完成的情形。按照箭頭標示的方向再次引拔，拉出鉤針。完成 1 目引拔訂縫縫合。

4 重複步驟 **2**「」內的針法與步驟 **3**，繼續引拔。此外，特別留意織片的鬆緊度，不可編織得太緊密。

27

超便利散步提包

照片 >> p.38

❋ 線材：Puppy Cotton Kona／
橘（52）…158g、棕（70）…28g、黃綠（33）…
18g.

❋ 其他：五爪釦（直徑8mm）…1組

❋ 針：鉤針4/0、6/0號

❋ 織片密度（10cm平方）：
短針（2股線）…20目22段
短針（1股線）…28目31段

❋ 織法
1. 編織主體
底部以2股線起針40目，編織短針16段。側
面接著底部的第16段挑114目，接著編織38
段短針。

2. 編織手提把
以2股線編織60目鎖針起針，第1段挑起鎖針
的裏山，編織6段。織片對折，兩片一起編織
36目引拔縫合。依照此做法完成第2條手提把。

3. 編織口袋、袋蓋和肉球
口袋編織37目鎖針起針，編織短針12段，從第
13段開始按照A、B的順序，分別編織8段，在
B的第8段編織結尾處織入12目鎖針，接著在
A的第8段用引拔縫合。接著在第21段開始一
起編織全部的37目，共編織12段。從編織結
尾處的針目周圍編織花邊。A、B周圍編織1段
花邊。再編織肉球的3根指頭和1片手掌。

4. 完成
將手提把、口袋縫在主體上。口袋和袋蓋上五
爪釦，再縫上肉球即可。

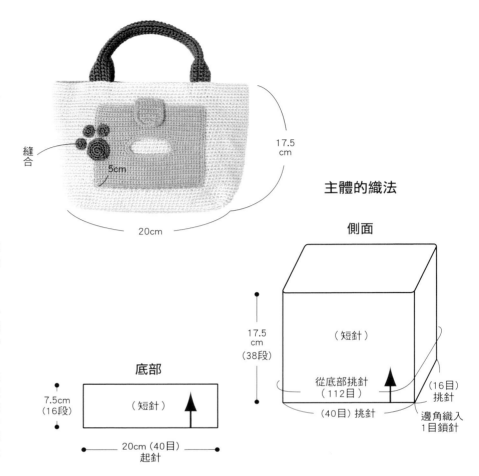

縫合

5cm

17.5
cm

20cm

主體的織法

側面

17.5
cm
（38段）

（短針）

從底部挑針
（112目）

（40目）挑針

（16目）
挑針

邊角織入
1目鎖針

底部

7.5cm
（16段）

（短針）

20cm（40目）
起針

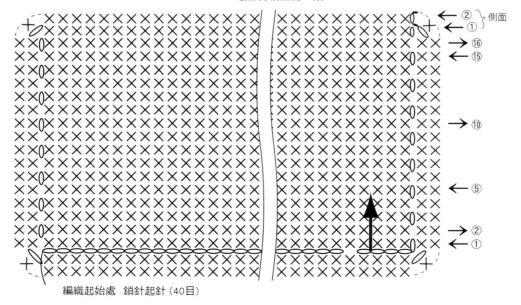

底部、側面　橘　2股線　6/0號
底部持續編織38段

②
① 側面

⑯
⑮

⑩

⑤

②
①

編織起始處　鎖針起針（40目）

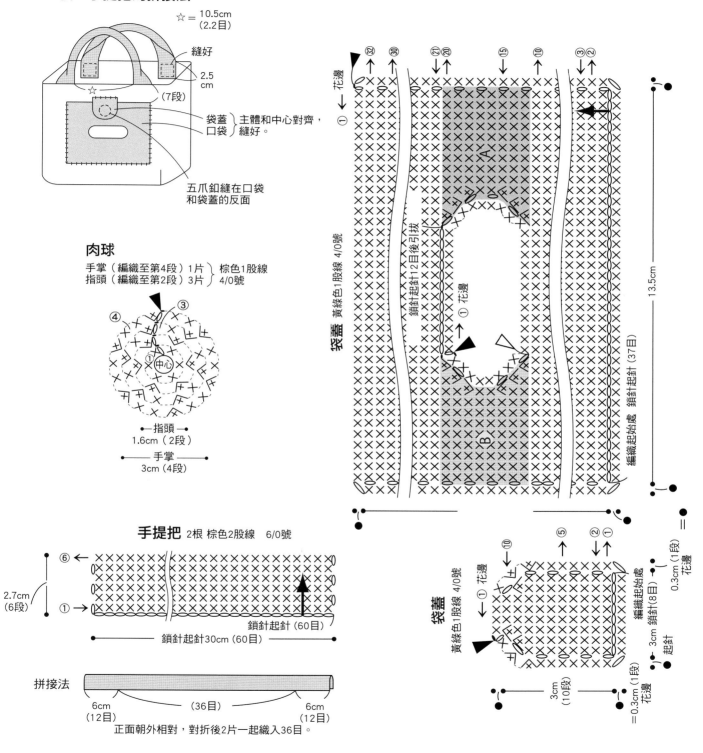

口袋、手提把的拼接法

☆ = 10.5cm
（2.2目）

縫好

2.5 cm

（7段）

袋蓋 主體和中心對齊，
口袋 縫好。

五爪釦縫在口袋
和袋蓋的反面

肉球

手掌（編織至第4段）1片 棕色1股線
指頭（編織至第2段）3片 4/0號

④ ③
中心 ①

←指頭→
1.6cm（2段）

←手掌→
3cm（4段）

手提把 2根 棕色2股線　6/0號

⑥ ←

2.7cm
（6段）

① →

鎖針起針（60目）

鎖針起針30cm（60目）

拼接法

6cm
（12目）

（36目）

6cm
（12目）

正面朝外相對，對折後2片一起織入36目。

袋蓋 黃綠色1股線 4/0號

③② ⑩ ⑮ ② ② ③ ② ③②

① ← 花邊

A

鎖針起針12目後引拔

① 花邊

B

編織起始處

鎖針起針（37目）

13.5cm

袋蓋 黃綠色1股線 4/0號

⑩ ⑤ ② ①

① ← 花邊

編織起始處

鎖針（8目）

0.3cm（1段）
花邊

3cm
（10段）

起針

= 0.3cm（1段）
花邊

3cm
（10段）

28 29 30 31

骨頭與球球玩具

照片 >> p.39

- 線材：Hamanaka／
- **28** Love Bonny ／未染的原色（101）⋯12g、紅（111）⋯3g。
- **29** Bonny ／未染的原色（442）⋯17g、藏藍（473）⋯4g。
- **30** Bonny ／黃（432）和薄荷綠（498）⋯各 7g、未染的原色（442）⋯ 2g。
- **31** Love Bonny ／橘（126）和粉紅（134）⋯各 4g、未染的原色（101）⋯ 2g。
- 其他：手工藝棉線⋯適量
- 針：28、31⋯鉤針 5/0 號
- 29、30⋯鉤針 7/0 號

織法

1. 編織主體

用未染的原色線編織 A、B，在 B 的第 3 段第 12 目鉤引拔和 A 接合。第 4 段在 A 處接線，然後從 A、B 挑 24 目，第 5 ～ 8 段減至 12 目，從第 9 段開始，每隔 2 段編織條紋圖案。

2. 主體編織至第 8 段，再編織另一片。

按照主體的做法，編織至第 8 段。

3. 拼接

主體和主體都編織至第 8 段，填塞棉花後，以卷縫縫合。

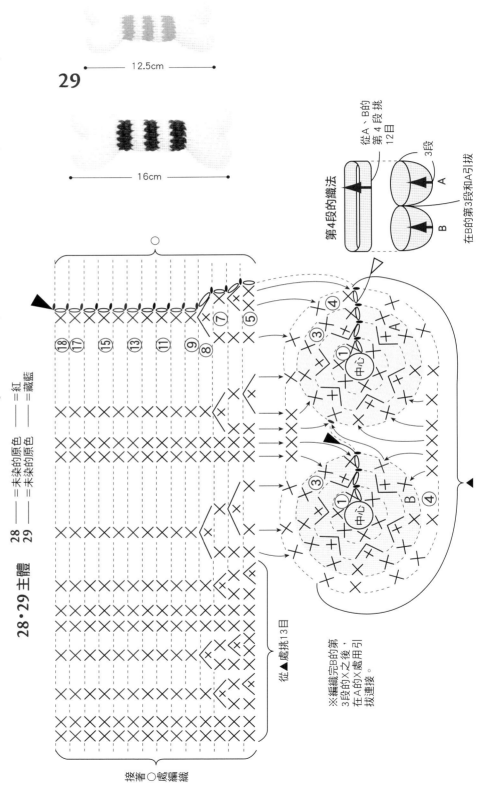

28

╟── 12.5cm ──╢

29

╟──── 16cm ────╢

28・29 主體

28 ── ＝紅
29 ── ＝藏藍
── ＝未染的原色
── ＝未染的原色

從▲處挑 13 目

從 A、B 的第 4 段挑 12 目

3段

A

B

第 4 段的織法

在 B 的第 3 段和 A 引拔

※編織完 B 的第 3 段的 X 之後，在 A 的 X 處用引拔連接。

接著○處編織

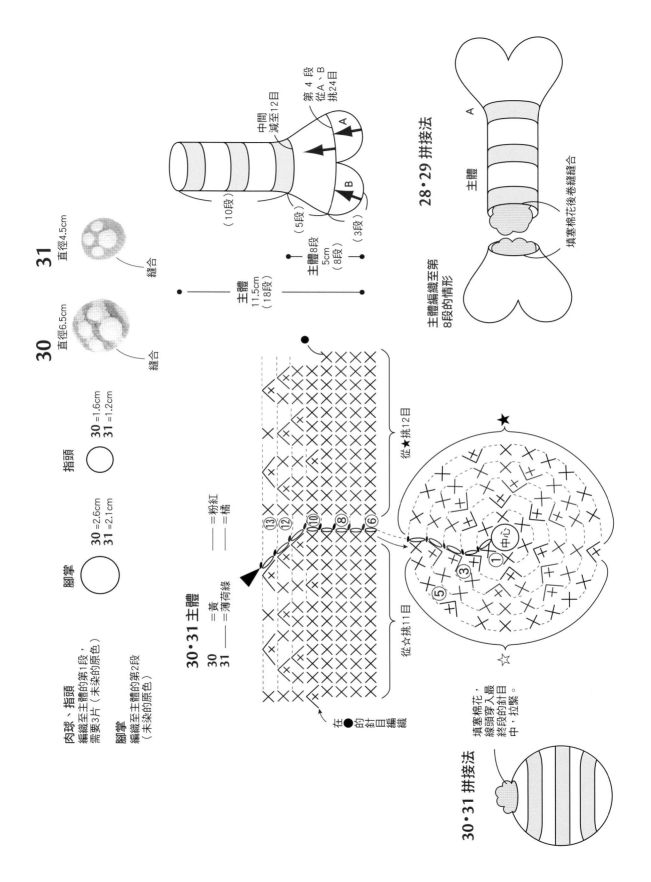

第 4 段
從 A、B
挑24目

中間
減至12目

（10段）

A

B

（5段）

（3段）

主體8段
5cm
（8段）

主體
11.5cm
（18段）

28・29 拼接法

A

主體

填塞棉花後捲捲縫合

主體編織至第
8段的情形

31
直徑4.5cm

縫合

30
直徑6.5cm

縫合

指頭

30 =1.6cm
31 =1.2cm

腳掌

30 =2.6cm
31 =2.1cm

肉球、指頭
編織至主體的第1段，
需要3片（未染的原色）

腳掌
編織至主體的第2段
（未染的原色）

30・31 主體

30 ＝黃
31 ── 薄荷綠

── ＝粉紅
── ＝橘

⑬
⑫
⑩
⑧
⑥

從★挑12目

從☆挑11目

①
③
⑤

中心

☆

★

在●
的
針
目
編
織

填塞棉花，
線頭穿入最
終段的針目
中，拉緊。

30・31 拼接法

學會編織技巧 Technique Guide

棒針的基礎

❖ 看懂記號圖

據日本工業規格（JIS）的規定，所有記號圖都是從織片的正面來標示。以棒針做平行編織時，箭頭←標示的段，是指看著正面編織，記號圖從右往左看，織下記號圖符號的針法。箭頭→標示的段，則指看著反面編織，從左往右照著記號圖編織，織入相反符號的針法（比如記號圖標示為下針，實際要織入上針；記號圖標示為上針，則織下針。）本書中的起針算作第 1 段。

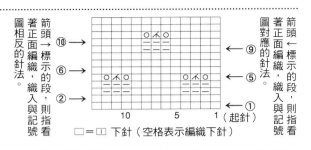

圖著箭 著正面編織，織入與記號對應的針法。

箭頭←標示的段，則指看圖對應的針法。

箭頭→標示的段，則指看著正面編織，織入與記號相反的針法。

□ = □ 下針（空格表示編織下針）

❖ 本書用到的起針

起第 1 目（針）

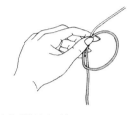

1 預留織品所需寬度約 3 倍長的線，做一個圓環。

2 右手的拇指和食指伸入圓環中，拉出線。

3 把 2 根棒針穿入剛才的圓環中，拉一下線頭那側的線，拉緊線圈，這算是第 1 目。

手指掛線起針

掛在食指上　掛在拇指上

1 完成第 1 目後，連接毛線球端的線掛在左手食指上，另一端的線掛在拇指上。

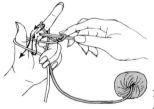

2 依照箭頭指示轉動棒針，在針尖掛線。

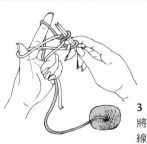

3 將掛在拇指上的線輕輕放開。

4 依照箭頭指示插入拇指挑起線，往外拉緊。

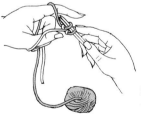

5 完成第 2 目。重複步驟 1 ～ 4 編織第 3 目之後的針目。

6 第 1 段起針完成如圖。抽掉 1 根棒針，接著以此棒針開始編織。

別線鎖針起針（第 1 段）　＊ 步驟 1 ～ 4 可參照 p.87 鉤針的基礎「起第 1 目（針）」　＊ 這條編織線之後會拆開，需留意挑針時不要將線拆開。

5 以其他線鉤好鎖針，要比所需針數再多幾目（針）。

8 把棒針插入下一個裏山中，重複步驟 7。

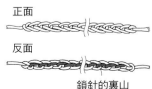
正面
反面

鎖針的裏山

6 鉤好之後，拉緊線，剪掉。

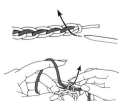

7 把棒針插入鎖針反面的裏山，掛線後引拔拉出。

9 挑起所需的針數，完成第 1 段。

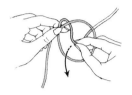

✤ 編織記號

| 下針

1 編織線置於外側，依箭頭方向右針從內側穿入。

2 右針掛線，依照箭頭所示從內側引拔拉出。

3 右針引拔拉出線，再將左針上的線圈滑掉。

4 完成下針。

— 上針

1 編織線置於內側，依箭頭方向右針從外側穿入。

2 右針掛線，依照箭頭所示從外側引拔拉出線。

3 右針引拔拉出線，再將左針上的線圈滑掉。

4 完成上針。

⋋ 右上 2 針併 1 針

1 依箭頭右針從內側穿入，不編織，將針目移到右針上改變針目方向。

2 右針穿入左針的下一個針目中，掛線後編織下針。

3 左針穿入步驟 **1** 移動的針目中，依箭頭所示覆蓋（重疊）左側的針目。

4 完成右上 2 針併 1 針。

⋌ 左上 2 針併 1 針

1 依箭頭所示，將針穿入左側 2 個針目中。

2 依箭頭所示掛線，2 目（2 針）一起編織。

3 以右針引拔拉出線，再將左針上的線圈滑掉。

4 完成左上 2 針併 1 針。

⋋ 上針的右上 2 針併 1 針

交換

1 左針頂端的 2 個針目交換位置，使右側的針目位於內側，交換順序。

2 依箭頭所示，2 目（2 針）一起編織。

3 完成上針的右上 2 針併 1 針。

4 ※ 也可依箭頭所示穿入針，編織左針的 2 個針目。

⋌ 上針的左上 2 針併 1 針

1 依箭頭所示，將針穿入左針的 2 個針目中。

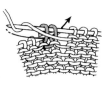

2 針尖掛線，依箭頭所示引拔拉出線。

3 完成 2 針併 1 針的上針編織後，將左針上的線圈滑掉。

4 完成上針的左上 2 針併 1 針。

中上 3 針併 1 針

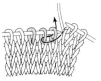
1
依箭頭將針穿
入左針 2 針目,
不編織,將針
目移到右針上。

2
將針穿入第 3
個針目中,掛
線後編織下
針。

3
左針穿入步
驟 **1** 移動的 2
個針目中,依
箭頭所示覆蓋
(重疊)左側
的 1 目。

4
完成中上 3 針
併 1 針。

 右上 1 目交叉針

1
棒針越過針目
1 的外側,穿
入針目 2 中。

2
掛線後,依箭
頭指示引拔拉
出線,編織下
針。

3
針目 2 持續掛
在左針上,依
箭頭所示把針
穿入針目 1 中,
編織下針。

4
針目 2 滑掉,
完成右上 1 目
交叉針。

 左上 1 目交叉針

1
棒針越過針目
1 的內側,穿
入針目 2 中。

2
針目 2 拉到右
側,掛線後編
織下針。

3
針目 2 持續掛
在左針上,針
目 1 編織下針。

4
完成左上 1 目
交叉針。

 掛針

1
編織線放在內
側。

2
從內側將線掛
到右針上,再
依箭頭所示把
右針穿入下一
針目中編織。

3
編織 1 針掛針、
1 針下針的情
形。

4
編織完下一段
的情形。掛針
的位置會出現
小洞,變成減
1 針(目)。

 收針(伏針收針)

1
在頂端的 2 目編
織下針,依箭頭
所示,將左針穿
入右端的針目中。

2
依箭頭所示,
以右端的針目
覆蓋相鄰的針
目。

3
在左針的針目
中編織 1 針下
針,再用右針
的針目將其覆
蓋,重複步驟。

4
編織結尾處依
照圖所示,先
將線頭穿入針
目中,然後拉
緊即可。

下針的扭針加針

1
依箭頭所示,
用右針把和旁
邊針目之間的
渡線拉起。

2
拉起之後,把
線掛到左針
上。

3
掛到左針上之
後,依箭頭所
示編織下針。

4
完成下針的扭
針加針。拉過
的針目呈扭狀,
變成加 1 針
(目)。

鉤針的基礎

✤ 看懂記號圖

據日本工業規格（JIS）的規定，所有記號圖都是從織片的正面來標示。鉤針編織沒有正面、反面的差別（拉針例外），交互看正面、反面做平行編織時，也以同樣的編織符號表示。

表示段數

立起的針數

▼＝剪掉線

…＝織圖符號分開時，虛線表示之後要編織的織圖符號。

從中心編織圓形（環形）時

在中心編織圓環（或者鎖針），像畫圓一樣逐段編織。在每一段的起針處編織立起的鎖針（立針）。一般而言都是看織片的正面，記號圖則是從右往左編織。

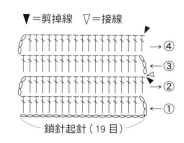

▼＝剪掉線　▽＝接線

鎖針起針（19目）

平針編織時

特色在於左右都有立起的鎖針。當右側出現立起的鎖針時，看織片的正面，參照記號圖從右往左編織。當左側出現立起的鎖針時，看織片的反面，參照記號圖從左往右編織。左圖是在說明第3段更換配色線的記號圖。

✤ 如何掛線和持針

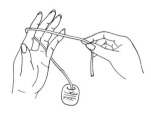

1
線從左手小指、無名指間穿過，掛在食指上，線頭拉到內側。

2
用拇指和中指夾住線頭，食指挑起，線拉緊。

3
用拇指和食指拿著鉤針，中指輕輕放在鉤針頭上。

✤ 起第1目（針）

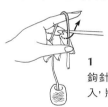

1
鉤針從毛線的對側穿入，將針頭旋轉調整。

2
接著將線掛在針頭。

3
鉤針穿入圓圈，在內側引拔拉出一個線圈。

4
拉線頭，收緊針目，完成第1個針目。

✤ 起針

從中心開始編織圓環（用線頭做圓環）

1
把線在左手食指上繞兩圈，做一個圓環。

2
從手指上取下圓環，把鉤針穿入圓環中，從內側引拔拉出線。

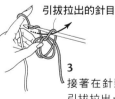

引拔拉出的針目

3
接著在針頭掛線，引拔拉出，鉤1針（目）立起的鎖針。

4
鉤第1段時，鉤針穿入圓環中，鉤出所需針數的鎖針。

5
先抽出鉤針，拉動最開始的圓環的線和線頭，拉緊線圈。

6
在第1段結尾處，把鉤針穿入最開始的短針的第一針（頭針）中引拔編織。

平針編織時

1針立起的鎖針

1
鉤好所需針數的鎖針和立起的鎖針，鉤針穿入從頂短數來第2針（目）鎖針中。

2
針頭掛線，依箭頭所示引拔拉出線。

3
編織好第1段的情形（立起的1針鎖針不算在針數中）。

❖ 如何看鎖針

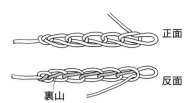

鎖針分成正、反面。反面中間的一條線稱作鎖針的「裏山」。

❖ 挑起上一段的針目

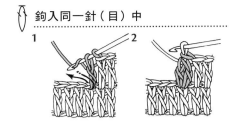

鉤入同一針（目）中　1　2

將鎖針挑束後編織　1　2

即使是同樣的玉針，依據不同的記號圖挑針方法也不同。記號圖的下方封閉時，表示在上一段的同一針（目）中編織，記號圖的下方打開時，表示將上一段的鎖針挑束編織。

❖ 編織記號

⬭ 鎖針

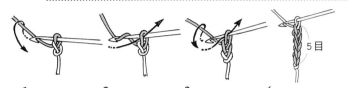

1
編織最初的針目，「鉤針針頭掛線」。

2
引拔拉出掛在針上的線，完成鎖針。

3
以相同的方法，重複步驟 **1**「」內的針法和步驟 **2**，持續編織。

4
完成 5 針（目）鎖針。

⬤ 引拔針

1
鉤針穿入上一段的針目中。

2
鉤針針頭掛線。

3
一次引拔拉出線。

4
完成 1 針（目）引拔。

✕ 短針

1
鉤針穿入上一段的針目中。

2
針頭掛線，從內側鉤引拔拉出線圈。

3
再次針頭掛線，一次引拔穿過 2 個線圈。

4
完成 1 針（目）短針。

Ｔ 中長針

1
鉤針掛線，穿入上一段的針目中。

2
鉤針再掛線，從內側鉤引拔穿過線圈（這叫作未完成的中長針）。

3
鉤針掛線，一次引拔穿過 3 個線圈。

4
完成 1 針（目）中長針。

Ｆ 長針

1
鉤針掛線，穿入上一段的針目中，接著再掛線，從內側引拔穿過線圈。

2
依箭頭所示掛線，引拔穿過 2 個線圈（這叫作未完成的長針）。

3
鉤針再掛線，依箭頭引拔穿過剩餘的 2 個線圈。

4
完成 1 針（目）長針。

∓ 長長針

1
針頭先纏好 2 圈線，穿入上一段的針目中，鉤針再掛線，從內側引拔穿過線圈。

2
依箭頭所示鉤針針頭掛線，引拔穿過 2 個線圈。

3
相同動作重複步驟 2 次。

4
完成 1 針（目）長長針。

✦ 短針 2 針的加針

1
編織 1 針（目）短針。

2
鉤針插入同一針目中，從內側引拔拉出線圈，編織短針。

3
上圖是編織 2 針短針後，接著再編織 1 針短針。

✦ 短針 2 針併 1 針

1
依箭頭所示，鉤針穿入上一段的針目中，引拔穿過線圈。

2
下一針以相同方法引拔穿過線圈。

3
針頭掛線，依箭頭所示，引拔穿過 3 個線圈。

4
完成短針 2 針併 1 針，呈現比上一段少 1 針的情形。

⚆ 長針 2 針的加針

1
在上一段的針目中編織 1 針長針，針頭掛線，依箭頭穿入同一針目中，拉出線。

2
針頭掛線，引拔穿過 2 個線圈。

3
再掛線，引拔穿過剩餘的 2 個線圈。

4
完成在同一針目中編織 2 針長針，呈現比上一段多 1 針的情形。

⚆ 3 長針的玉針

1
在上一段的針目中編織 1 針未完成的長針。

2
鉤針插入同一個針目中，編織 2 針未完成的長針。

3
鉤針針頭掛線，一次引拔穿過針上 4 個線圈。

4
完成 3 長針的玉針。

⚆ 3 鎖針的結粒針

1
編織 3 針（目）鎖針。

2
將鉤針插入短針第一針的半針和尾針 1 條線中。

3
鉤針針頭掛線，依箭頭所示引拔拉出線。

4
完成 3 鎖針的結粒針。

Hands 系列

LifeStyle 系列

LifeStyle033 甜蜜巴黎——美好的法式糕點傳奇、食譜和最佳餐廳／麥可保羅著 定價 320 元
LifeStyle034 美食家的餐桌——拿手菜、餐具器皿、烹調巧思，和料理專家們熱愛的生活／便利生活慕客誌編輯部編著 定價 380 元
LifeStyle035 來交換麵包吧——橫越歐美亞非，1,300 條麵包的心靈之旅／莫琳・艾姆莉德著 定價 380 元
LifeStyle036 LIFE3 生活味——每天都想回家吃！的料理／飯島奈美著 定價 350 元
LifeStyle037 100 杯咖啡記錄／美好生活實踐小組編著 定價 250 元
LifeStyle038 我的鋼筆手帳書——鋼筆帖：寫美字好心情練習帖＋圖解鋼筆基礎知識／鋼筆旅鼠本部連著 定價 250 元
LifeStyle039 一天一則，日日向上肯定句 800 ／療癒人心悅讀社著　定價 280 元
LifeStyle040 歡迎加入，鋼筆俱樂部！練字暖心小訣竅 + 買筆買墨買紙的眉角／鋼筆旅鼠本部連著 定價 320 元
LifeStyle041 暖心楷書習字帖／ Pacino Chen 著 定價 199 元
LifeStyle042 樊氏硬筆瘦金體習字帖／樊修志著　定價 199 元
LifeStyle043 飛逸行書習字帖／涂大節著 定價 199 元
LifeStyle044 療癒隸書習字帖／鄭耀津著 定價 199 元
LifeStyle045 馬卡龍名店 LADURÉE 口碑推薦！老巴黎人才知道的 200 家品味之選——像法國人一樣漫遊餐廳、精品店、藝廊、美術館、書店、跳蚤市集／賽爾・吉列滋 Serge Gleizes 著 定價 320 元
LifeStyle046 一天一則日日向上肯定句——精彩英法文版 700 ／療癒人心悅讀社著　定價 320 元
LifeStyle047 大人的筆世界——鉛筆、原子筆、鋼筆、沾水筆、工程筆、麥克筆、特殊筆，愛筆狂的蒐集帖／朴相權著 定價 360 元
LifeStyle048 第一次做乾燥花就成功——零失敗花圈、瓶裝、花束、飾品、包裝應用和乾燥花製作 Q & A ／酷花（Kukka）著 定價 360 元
LifeStyle049 平底鍋登山露營食譜——用 1 個鍋，聰明規劃 90 道料理＆烹調技巧／教學漂鳥社編輯部登山料理研究會編著 定價 350 元
LifeStyle050 看了就想吃！的麵包小圖鑑—— 350 款經典人氣麵包 + 28 家日本排隊必買名店、老舖徹底介紹／ Discover Japan 編輯部著 定價 360 元
LifeStyle051 氣質系硬筆 1000 字帖／郭仕鵬著 定價 280 元
LifeStyle052 飛逸行書 1000 字帖／涂大節著 定價 280 元
LifeStyle053 樊氏硬筆瘦金體 1000 字帖／樊修志 定價 280 元
LifeStyle054 療癒隸書 1000 字帖／鄭耀津著 定價 280 元

MAGIC 系列

MAGIC004 6 分鐘泡澡一瘦身—— 70 個配方，讓你更瘦、更健康美麗／楊錦華著 定價 280 元
MAGIC006 我就是要你瘦—— 26 公斤的真實減重故事／孫崇發著 定價 199 元
MAGIC008 花小錢做個自然美人——天然面膜、護髮護膚、泡湯自己來／孫玉銘著 定價 199 元
MAGIC009 精油瘦身美顏魔法／李淳廉著 定價 230 元
MAGIC010 精油全家健康魔法——我的芳香家庭護照／李淳廉著 定價 230 元
MAGIC013 費莉莉的串珠魔法書——半寶石・璀璨・新奢華／費莉莉著 定價 380 元
MAGIC014 一個人輕鬆完成的 33 件禮物——點心・雜貨・包裝 DIY ／金一鳴、黃愷縈著 定價 280 元
MAGIC016 開店裝修省錢＆賺錢 123 招——成功打造金店面，老闆必修學分／唐芩著 定價 350 元
MAGIC017 新手養狗實用小百科——勝犬調教成功法則／蕭敦耀著 定價 199 元
MAGIC018 現在開始學瑜珈——青春，停駐在開始練瑜珈的那一天／湯永緒著 定價 280 元
MAGIC019 輕鬆打造！中古屋變新屋——絕對成功的買屋、裝修、設計要點＆實例／唐芩著 定價 280 元
MAGIC021 青花魚教練教你打造王字腹肌——型男必備專業健身書／崔誠兆著 定價 380 元
MAGIC022 我的 30 天減重日記本 30 Days Diet Diary ／美好生活實踐小組編著 定價 120 元
MAGIC024 10 分鐘睡衣瘦身操——名模教你打造輕盈 S 曲線／艾咪著 定價 320 元
MAGIC025 5 分鐘起床拉筋伸展操——最新 NEAT 瘦身概念＋增強代謝＋廢物排出／艾咪著 定價 330 元
MAGIC026 家。設計——空間魔法師不藏私裝潢密技大公開／趙喜善著 定價 420 元
MAGIC027 愛書成家——書的收藏 × 家飾／達米安・湯普森著 定價 320 元
MAGIC028 實用繩結小百科—— 700 個步驟圖，日常生活、戶外休閒、急救繩技現學現用／羽根田治著 定價 220 元
MAGIC029 我的 90 天減重日記本 90 Days Diet Diary ／美好生活十實踐小組編著 定價 150 元
MAGIC030 怦然心動的家中一角——工作桌、創作空間與書房的好感布置／凱洛琳・克利夫頓摩格著 定價 360 元
MAGIC032 我的 30 天減重日記本（更新版）30 Days Diet Diary ／美好生活實踐小組編著 定價 120 元
MAGIC033 打造北歐手感生活，OK ！——自然、簡約、實用的設計巧思／蘇珊娜・文朵、莉卡・康丁哥斯基 i 著 定價 380 元
MAGIC034 生活如此美好——法國教我慢慢來／海莉葉塔・希爾德著 定價 380 元
MAGIC035 跟著大叔練身體—— 1 週動 3 次、免戒酒照聚餐，讓年輕人也想知道的身材養成術／金元坤著 定價 320 元
MAGIC036 一次搞懂全球流行居家設計風格 Living Design of the World ——
　　　　　111 位最具代表性設計師、160 個最受矚目經典品牌，以及名家眼中的設計美學／ CASA LIVING 編輯部 定價 380 元
MAGIC037 小清新迷你水族瓶——用喜歡的玻璃杯罐、水草小蝦，打造自給自足的水底生態／田畑哲生著 定價 280 元
MAGIC038 一直畫畫到世界末日吧！——一個插畫家的日常大小事／閔孝仁著 定價 380 元
MAGIC039 好想養隻貓——可愛療癒系萌貓小圖鑑／今泉忠明監修、福田豐文攝影、中野博美文字 定價 280 元
MAGIC040 100 種自重肌力訓練——日本健身大師秘笈，最有效的徒手運動／比嘉一雄著 定價 380 元
MAGIC041 狗狗訓練全書—— 101 堂成長課，讓愛犬聰明聽話又貼心／凱拉・桑德斯與查爾茜者 定價 380 元

Hands055

小型狗狗最實穿的毛衣＆玩具＆雜貨
31 款量身訂做的上衣、背心、洋裝、帽子、領圍和用品

編著	E&G CREATES
美術完稿	鄭雅惠
翻譯	李蕙雰、林明美
編輯	彭文怡
校對	連玉瑩
行銷	石欣平
企畫統籌	李橘
總編輯	莫少閒
出版者	朱雀文化事業有限公司
地址	台北市基隆路二段 13-1 號 3 樓
電話	02-2345-3868
傳真	02-2345-3828
劃撥帳號	19234566　朱雀文化事業有限公司
e-mail	redbook@ms26.hinet.net
網址	http://redbook.com.tw
總經銷	大和書報圖書股份有限公司 (02)8990-2588
ISBN	978-986-96718-6-6
初版一刷	2018.10
定價	320 元
出版登記	北市業字第 1403 號

國家圖書館出版品預行編目 (CIP) 資料

小型狗狗最實穿的毛衣＆玩具＆雜貨：
31 款量身訂做的上衣、背心、洋裝、帽
子、領圍和用品
／ E&G CREATES 編；李蕙雰、林明美翻
譯.
-- 初版 . -- 臺北市：朱雀文化，2018.10
面；公分 --（Hands；055）
ISBN 978-986-96718-6-6（平裝）
1. 編織 2. 手工藝　　　　　　　426.4

About 買書

●朱雀文化圖書在北中南各書店
及誠品、金石堂、何嘉仁等連鎖
書店均有販售，如欲購買本公司
圖書，建議你直接詢問書店店員。
如果書店已售完，請撥本公司電
話 (02)2345-3868。
●●至朱雀文化網站購書（http://
redbook.com.tw），可享 85 折優惠。
●●●至郵局劃撥（戶名：朱
雀文化事業有限公司，帳號
19234566），掛號寄書不加郵資，
4 本以下無折扣，5～9 本 95 折，
10 本以上 9 折優惠。

DOG'S WEAR AND GOODS